KB038006

엄마의
눈높이
연　습

눈높이를 바꾸면 보이는
내 아이의 잠재력

엄마의
눈높이
연습

• 윤주선 지음 •

포레스트북스

추천의 글

이스라엘 사람들은 우리나라의 교육 현장을 보고 의아해하며 이런 얘길 한다고 한다. 신이 준 능력을 기르기도 바쁜 마당에 왜 신이 주지도 않은 능력을 발전시키겠다고 돈과 시간을 낭비하고 아이를 잡는 불행한 일을 하는지 이해가 안 된다고 말이다. 날마다 최일선에서 그런 현실을 보고 있는 저자는 아이의 목표를 올바르게 찾아가는 교육의 길을 제시한다.

이 책은 아이의 강점을 찾아 더 잘하도록 이끌어주는 방법을 담았다. 길을 잃어 방황하는 부모에게 내비게이션이 되어줄 것이다.

— 이유남(『엄마 반성문』 저자, 영문초등학교 교장)

여러 종류의 아픔을 겪는 아이들을 한결같이 만나준 한 사람, 아이에게 눈 높이를 맞춰준 한 사람. 책을 보니 아이의 성장을 이끈 저자의 열정이 떠올라 가슴이 뭉클해진다. 교사이자 코치인 저자가 아이들과 직접 나눈 다양한 대화 사례가 풍부하니 독자는 더욱더 생생한 대화법을 익힐 수 있을 것이다. 아이뿐 아니라 부모의 성장에도 힘을 줄 강력한 책이다.

— 권영애(『자존감, 효능감을 만드는 버츄프로젝트 수업』 저자)

두 아이의 부모이자 현직 고등학교 교사인 저자가 쓴 이 책은 자녀의 성장을 위한 부모의 역할과 책임을 다시 생각하게 한다. 청소년이 내면의 가능성을 찾고 미래를 살아가는 지혜와 용기를 가지는 것은 뛰어난 정보력과 완벽한 계획이 아니라 부모의 온전한 공감과 돌봄으로 가능하다는 것을 알려준다. 독자는 이 책을 통해 아이의 무한한 잠재력을 발견하고 성장을 돕는 부모가 되는 실천 방법과 지혜를 배울 수 있을 것이다.

— 서정기(에듀피스 대표)

지금은 고등학교 1학년이 된 첫아이를 키우는 동안 겪어온 시행착오는 이제 일상이 되었다. 그래도 교사니까 다를 거라고 조금은 자신했는데, 막상 아이를 키워보니 그 어려움은 절대 만만치 않았다. 특히 부모로서 돕겠다는 생각으로 행동했다가 되려 아이와 관계만 나빠진 적도 많아 참 답답했다. 그러던 차에 이 책을 만나니 한 줄기 빛이 보인다. 또한 자녀 문제로 어려움을 겪는 학부모를 제대로 돕지 못해서 늘 미안했는데, 진짜 도움을 줄 수 있도록 이끌어주는 책이 나와 더욱 반가운 마음이 든다. 아이와 싸우지 않고, 상처 주지 않고 좋은 관계를 유지하고 싶은 부모와 교사에게 일독을 권한다.

— 김영식(좋은교사운동본부 공동 대표)

저자는 이 책을 통해 부모와 교사에게 아이와 신뢰를 쌓는 소통법을 안내한다. 아이를 몸과 마음이 건강한 사람으로 기르는 일은 사회를 위해서도 매우 중요한데, 이 책은 그런 점을 잘 알려준다. 자녀 문제로 고민이 깊은 부모를 위한 조언을 충실히 담고 있다.

— 김지태(화수고등학교 교장, 심리상담사)

어떤 위기나 고비에도 흔들리지 않는 부모가 되고 싶다면, 반드시 이 책을 읽어야 한다. 아동심리학적 통찰이 돋보이는 책 속 이야기는 학교와 가정에서 겪은 풍부한 실제 사례를 토대로 한 맞춤형 조언으로, 부모가 상황에 바로 적용할 수 있도록 도와준다. 저자는 아이가 가진 강점과 기회 요인을 극대화하는 전략을 통해 진정한 부모의 역할과 우리 교육이 나아갈 바를 제시한다. 아이의 행복한 성장에 힘을 쏟는 이들 모두에게 유용한 안내서가 될 것이다.

– 주미란(화수고등학교 교감)

자녀의 올바른 성장을 돕고 싶지만, 무엇부터 시작해야 하는지 몰라 머뭇거리는 부모에게 이 책은 최고의 길라잡이가 되어줄 것이다. 자녀의 긍정적인 변화와 성장. 모든 부모가 원하지만 몹시 어렵고 멀게만 느껴지는 이야기다. 저자는 이 어려운 문제를 모든 사람이 공감할 만한 풍성한 이야기를 통해 아주 쉽고 구체적으로 설명하며, 부모가 당장 시도할 수 있는 구체적인 행동까지 제안한다.

–이지웅(더바이블미니스트리 대표)

현직 교사이자 교육 컨설턴트가 쓴 이 책은 10대 자녀를 둔 부모에게 분명 실질적인 도움이 될 것이다. 부모가 생각을 조금만 바꿔도 아이의 약점은 얼마든지 강점이 될 수 있다는 이야기는 참 희망적이어서 좋다. 부모라면 누구나 할 수 있는 코칭법이기 때문이다.

–김경섭(『성공하는 사람들의 7가지 습관』 역자, 국제코치컨설턴트연맹 회장)

7년 전 처음 만났을 때만 해도 두 아들을 키우면서 직장을 다니고 있었기에 몸도 마음도 많이 지쳐 보였던 저자. 포기하지 않고 꾸준히 자녀교육을 공부하고 자기 마음을 단련하더니 그 과정에서 얻은 지혜를 책 속에 잘 녹여낸 듯하다. 책에는 아이가 힘들어하는 이유와 부모가 아이를 도울 방법, 또 아이의 잠재력을 발견하여 꿈을 이룰 수 있도록 돕는 원리가 사례 중심으로 잘 설명되어 있다.

－김은양(아하코칭센터 대표)

모든 부모는 아이가 행복하게 살아가길 원한다. 그러나 막상 현실에선 부모의 좋은 의도가 갈등과 강요로 변형돼 나타나는 경우가 많다. '내 자식'이라는 사실 하나로 부모와 자녀 사이를 객관적으로 본다는 것은 참 힘든 일이다. 저자는 다급한 부모들에게 잠시 마음을 내려놓아야 한다고 부드럽게 조언하면서, 자신의 경험을 통해 많은 교사와 부모에게 옳은 방향을 제시한다. 만약 우리 아이에게 이런 선생님이 멘토가 되어준다면, 안심도 되고 행복할 것이다.

－권종현(비영리 사단법인 아시아리더십그룹 이사)

아이들을 만나면서 깨달은 사실이 있다. 아이들을 사랑하는 마음으로 가르치고 수고하는 일은 늘 들인 노력만큼 효과가 나오는 건 아니라는 것이다. 아이들이 나를 만나고 바뀌기도 하지만, 내 노력과 수고가 전혀 소용없는 것처럼 느껴질 때도 많다. 아마 많은 부모가 비슷하게 느낄 것이다. 아이를 키운다는 건 참 어려운 일이다.

때때로 이처럼 노력해봐야 소용없다는 기분이 들 때, 내가 찾은 해결책은 한 가지였다. 부모와 교사는 농부와 같다는 것. 그렇게 마음을 먹으니 위안이 찾아왔다. 아이를 잘 키우기 위해서는 농부가 농사를 짓듯이 피와 땀을 흘려야 한다.

중국에는 '모소'라는 대나무가 있다. 이 식물의 성장 과정은 아주 신기하다. 농부가 대나무 씨를 심고 5년 동안은 아주 어린 싹밖에 볼 수 없다. 그동안 얇고 가는 새싹은 땅속에서 매일 양분과 물을 흡수한다. 하지만 인내의 시간이 지나면 모소는 빠르게 성장한다. 90일 만에 약 30미터 가까이 자라기도 한다. 섬유질로 구성된 대나무 뿌리가 처음 5년 동안 땅속 깊은 곳에서 쭉쭉 뻗어간 것이다. 대나무는 성장하지 않은 것이 아니라 땅속 밑으로 깊고 단단한 뿌리를 내렸던 것이다. 사실 다른 식물도 마찬가지다. 씨앗을 뿌리고 물을 줄 땐 '도대체 언제 다 자랄까?' 하는 생각이 드는데, 돌아보면 어느새 놀랄 만큼 쑥쑥 자라 있다.

농부는 자연의 순리대로 농사를 지을 뿐이다. 그 씨앗의 종류와 특성, 땅의 특성에 맞게 필요한 영양분과 물을 공급하고 성장을 방해하는 잡초를 뽑으며 싹이 나올 때까지 지켜본다. 잘 자라지 못하면, 어떻게 할까 방법을 찾아보며 포기하지 않는다.

우리 역시 농부와 마찬가지로 아이들의 마음에 사랑, 감사, 용서, 인내, 끈기의 씨앗을 뿌리고 관심과 정성을 들여 지켜봐야 한다. 혼내지 않고, 남과 비교하지 않고, 아이의 시선을 따라가 주어야 한다. 당장 바뀌는 것이 없어 보여도 믿음을 갖고 기다려야 한다. 결국엔 자신에게 적당한 때에 싹을 틔우고 열매를 맺게 될 테니까.

아이가 자라는 속도는 저마다 다르다. 지구상에 똑같은 존재는 없다. 아이가 자기 색깔을 잘 표현할 수 있을 때까지 차분하게 기다려보자. 아직 때가 되지 않았는데 빨리 자라지 않는다며 포기하고 물을 주지 않거나 잡초를 내버려두면, 결국 싹을 틔울 수 없다. 조급한 마음으로 책망하고 잔소리하는 것도 이제 겨우 작은 싹을 틔우기 시작한 아이에게 왜 이것밖에 자라지 못했냐며 발로 밟아버리는 행동과 같다.

부모의 엄격한 잣대와 기준, 남과 같은 생각을 가지고 아이들을 바라보는 순간 아이는 타고난 기질과 매력을 발산할 수 없게 된다. 아이에게 "너는 왜 옆집 ○○이처럼 못 하니? 뭐든 잘하면 얼마나 좋아"라는 말은 빨간 사과를 보고 "왜 너는 빨간색이니? 나는 초록색이 좋은데……"라고 말하는 것과 같다.

아이가 부모가 원하는 대로 자라주지 않아도, 때론 반항적인 태도를 보여도 성장 과정의 일부로 받아들여야 한다. 아이는 결국 부모가 믿는 만큼 자라기 때문이다. 그렇게 생각하니 엄마로서, 교사로서 마음이 한결 가벼워졌다.

이런 생각을 담아 아이의 눈높이에 맞추어 아이 마음의 힘을 키울 필요가 있다는 이야기로 이 책을 썼다. 부모가 아이의 눈높이에 맞춰 아이 시각으로 한번 더 이해해보고, 나아가 약점도 긍정적으로 볼 수 있게 되면 가장 좋다. 대부분 부모는 아이의 강점보다 약점을 크게 보고 이를 고치려고 애쓰지만, 사실 아이의 약점은 부모의 힘으로 고칠 수 있는 것도 아니고 오히려 고치려고 애쓰는 과정에서 역효과만 난다.

그러니 아이의 약점이 눈에 크게 들어올 때, 이 점을 기억하자. 약점이 있으면 강점이 있기 마련이고, 약점은 역으로 기회가 될 수도 있다. 아이의 성격이 차분하지 못한 편이라면 활동적인 성향이라 그럴 수 있고, 수학을 못하면 국어를 잘할 수도 있다는 것을.

덧붙여, 본문 중간에 〈엄마를 위한 눈높이 연습 TIP〉을 수록해두었다. 아이와 대화할 때 도움이 되길 바라며 정리한 것이다. 15분 정도의 시간만 들이면 충분히 할 수 있으니 하루를 마무리하는 저녁 시간에 TIP을 읽고 아이와 이야기를 나눠보거나 연습장에 직접 써보며 트레이닝해보자. 훈련이 조금씩 쌓이면 분명 부모도 아이도 달라질 것이다. 갑작스러운 행동이라 생각 말고, 부끄러워하지 말고 꼭 시도해보자.

사실 자녀교육은 말이 쉽지, 막상 아이 앞에 서면 큰소리만

내게 되곤 한다. 그래서 부모라면 누구나 쉽게 이해하고 실천할 수 있도록 일상생활에서 경험한 실제 사례를 담았다. 아이 마음의 힘을 키우고 가족이 함께 성장하기 위한 눈높이 연습을 마음가짐, 대화법, 독서법 등으로 정리해보았다. 어른들이 진실한 마음, 사랑하는 마음으로 함께 이야기하는 것만으로도 우리 아이들은 스스로 답을 찾아가고 성장할 수 있다. 자신의 존재를 소중히 여기고 진심으로 응원해주는 단 한 사람만 있으면 그 아이는 잘 자랄 수 있다. 이 책을 읽는 분들이 자기 자신과 가족, 친구들에게 그런 존재가 되어준다면 좋겠다.

출간을 자기 일처럼 기뻐하며 사례를 쓰도록 허락해준 제자들, 과거부터 미래까지 마음으로 만나는 나의 사랑하는 제자들에게 깊은 감사의 마음을 보낸다.

마음공부와 함께 코칭을 가르쳐주셨던 김온양 대표님, 리더십과 코칭을 깊이 있게 가르쳐주신 국제코치컨설턴트연맹 김경섭 회장님, 한국코칭센터 김영순 박사님, 평교사 시절부터 지금까지 리더십 연수와 코칭 연수를 주관해 오신 이유남 교장선생님, 교사·학부모·학생들을 살리기 위해 사랑 에너지를 전하시는 권영애 선생님을 비롯하여 교육 현장에서 사랑의 씨앗을 뿌리고 계신 수많은 선생님께 감사드린다.

진심으로 사랑하는 엄마, 하늘나라에 계신 아빠, 세상에 하나 뿐인 사랑스러운 동생, 그리고 항상 사랑으로 기도해주시는 시부모님, 영원한 동반자이자 소울메이트인 남편, 존재만으로 사랑스러운 두 아들에게 감사와 사랑을 전한다. 끝으로 태초부터 나를 사랑하시고, 생명을 주신 하나님께 감사드린다.

사랑하는 자녀를 눈물로 키우고 계신 대한민국의 부모님들과 아이들에게 이 책이 큰 위로가 되면 좋겠다.

2019년 9월
모두 함께 성장하기를 꿈꾸며,

윤주선

차례

Chapter 1

요즘 아이들이
힘들어하는 이유

Chapter 2

아이의 잠재력을 키우는
눈높이 마음 연습

아이의 닫힌 마음을 여는 눈높이 대화법

Chapter 3

아이의 꿈을 찾는
눈높이 독서법

흔들리며 피는 꽃,
아이들

눈높이 연습을
시작하기 전에

고압적인 자세로 혼내고 다그치는 것이 더는 자녀교육에 큰 도움이 되지 않는다는 사실을 이제는 많은 부모님이 깨달았을 것이다. 그런 점에서 아이의 눈높이에 맞춰 마음을 들여다보는 자세가 필요한데, 그러려면 먼저 '마음 코칭' 훈련을 해야 한다. 내가 생각하는 마음 코칭은 '마음의 힘을 회복하도록 훈련하는 것'이다. 마음의 힘을 회복하는 방법을 알고, 대화법에도 적용하는 것이라고 볼 수 있다. 마음의 힘을 회복하려면 마음의 특징과 작동 원리를 알아야 한다.

  그렇다면 '마음'은 무엇일까? 마음은 '생각, 감정, 욕구'다. 즉, 내 마음을 안다는 것은 나의 생각, 감정, 욕구를 안다는 것이다.

현대인은 너무나 바쁜 일상을 살아가고 있다. 예를 들어 식사를 할 때도 휴대전화를 들여다보며 뉴스를 읽거나 메일을 확인하느라 음식이 맛있는지, 심지어 무엇을 먹고 있는지조차 온전히 느끼지 못한다. 집을 나서면 지하철을 놓치지 않으려고 서둘러 뛰어간다. 바닥을 디디는 내 발의 감각, 골목길의 풍경, 이 순간 나의 생각과 감정을 전혀 느끼지 못한다. 하지만 바쁜 걸음을 늦추고 그 순간을 찬찬히 음미하면서 늘 내 마음에 관심을 두어야 한다.

아이와 대화를 할 때도 마찬가지다. 눈에 보이는 표정과 행동, 들리는 말만 받아들이면 아이의 마음을 보지 못한다. 사람을 만나는 것은 마음을 만나는 것이다. 보이지 않고 들리지 않는 아이의 '마음'을 만나려면, 서두르지 말고 가만가만 살펴봐야 한다. 그래서 마음을 보는 훈련이 필요한 것이다.

15세기에 코치coach는 마차를 가리키는 용어였다. 또 다른 운송 수단으로 기차가 있었지만, 마차와 기차는 커다란 차이가 있다. 기차는 많은 사람을 한꺼번에 태워 출발역에서 종착역으로 간다. 달리는 중간에 내릴 수 없으며 정해진 곳에서만 타고 내릴 수 있다. 하지만 마차는 한 사람의 고객을 태워 원하는 곳에 데려다준다. 고객은 자신이 가고 싶은 길을 택할 수 있고, 도

중에 언제든지 내릴 수도 있다. 한마디로, 고객 맞춤형 운송 수단이다.

1971년 하버드대학교 테니스부 주장이었던 티머시 골웨이Timothy Gallway는 사람들이 자신만의 방법을 찾을 때 테니스를 더 쉽고 재미있게 배운다는 사실을 발견했다. 코치의 지도에 의존하지 않고 스스로 배우는 자세를 가져야 효과가 더욱 컸다. 그 후로 코칭이 스포츠계에 도입됐고, 지금은 비즈니스와 교육 등 다양한 분야에 활용되고 있다.

코칭의 기본 전제는 상대방을 믿는 것이다. 즉, 상대방의 눈높이로 바라보는 것이다. 모든 사람에겐 무한한 가능성이 있으며, 해답은 그 사람 안에 있다는 것이 코칭 철학이다. 따라서 아이를 바라보는 부모의 관점이 바뀌어야 한다. 아이는 무한한 잠재력을 지닌 존재이고, 아이 안에 해답이 있다. 부모는 지시하고 가르치는 사람이 아니라, 아이가 자신의 잠재력을 발견하고 발휘할 수 있도록 돕는 코치가 되어야 한다.

그러기 위해서는 부모의 마음 에너지가 높아야 한다. 마음의 에너지가 낮고 혼란스러운 부모는 아이를 코칭할 수 없다. 내 마음이 지옥일 때는 내 마음부터 다스리는 것이 우선이다.

근력 운동을 하면 근육이 생기듯, 마음도 훈련을 하면 힘이 생긴다. 평소에 마음을 잘 관찰하는 훈련을 해보자. 잠자기 전 하루 10분, 오늘 하루 자신의 마음을 들여다보자. 어떤 생각을 하고, 어떤 감정을 느끼고, 무엇을 원했는지 찾아 적어보자. 자신의 마음을 관찰하다 보면, 반복되는 생각과 감정의 패턴을 발견하게 된다. 그 생각과 감정의 패턴이 자신에게 도움이 되는가, 아니면 성장을 방해하는가? 만약 성장을 방해한다면, 지금까지의 패턴을 반복하지 말고 도움이 되는 방향으로 전환할 방법을 찾아 훈련하면 된다.

　나는 과도한 스트레스 상황이나 체력이 많이 떨어져 화가 날 때는, 잠시 그 공간에서 나와 눈을 감고 1분간 천천히 호흡을 한다. 1분이 지나면, '내가 살아 있구나'라는 생각과 함께 감사함이 올라온다. 그 상황에서 감사한 것을 생각하면서 자신에게 말해준다.

　"살아 있어서 감사하다."

　"두 발로 걸을 수 있어서 감사하다."

　"일할 직장이 있어서 감사하다."

　"두 눈으로 볼 수 있어서 감사하다."

　이런 말을 하다 보면 어느 순간 마음이 차분해진다.

　자신을 위해 평소에 좋아하는 것, 기분이 좋아지는 행동들을 하기 바란다. 듣고 싶은 말과 칭찬을 자신에게 들려주자. 거울을 보면서 이야기해주는 것도 좋다. 일상에서 감사할 것들을 찾고, 사랑하는 마음으로 자신을 돌보는 것이 중요하다. 부모의 마음 에너지가 높아야 아이의 마음 에너지도 높일 수 있다.

나 자신을 아이들과 함께 성장하는 코치라고 생각해보자. 부모와 아이 역시 매 순간 성장하는 존재다. 자, 지금부터는 아이의 보이지 않는 마음에 집중해보자. 아이의 생각, 감정, 욕구를 보는 것이 우선이다. 아이와 대화할 때는 아이의 눈높이에 맞춰 시도해보자. 어린아이가 처음 걸음마를 떼듯 천천히 하나씩 연습해보자.

이 책에 소개한 내용을 머리가 아니라 마음으로 읽고, 부모 자신과 아이에게 적용하기를 바란다. 매일 성장하는 자신과 아이의 모습을 발견하게 될 것이다.

아이를 보살피는 것은
부모에게 주어진 책임이며,
부모는 아이가 꽃을 피우도록
도와주는 정원사다.

Chapter
1

요즘 아이들이
힘들어하는 이유

어른들은 몰라요,
아이들도 몰라요

"어른들은 몰라요. 아무것도 몰라요.

마음이 아파서 그러는 건데

어른들은 몰라요. 아무것도 몰라요.

……

언제나 혼자이고 외로운 우리들을

따뜻하게 감싸주세요. 사랑해주세요."

어린 시절 불렀던 「어른들은 몰라요」라는 노래다. 아무 생각 없
이 흥얼거리던 노래였는데, 요즘 들어 가사의 의미를 생각해봤
다. 예전 노래인데도 요즘 아이들의 마음을 잘 대변해주는 명

곡이다. 어른들은 아이들의 마음을 정말 모른다.

40~50대의 어른들 눈에 지금의 청소년은 나약한 존재다. 공부만 하면 되는데, 그것조차 하지 않는다. 요즘 아이들은 어릴 때부터 원하는 장난감을 다 가졌고, 유치원 때부터 사교육을 받으며 자랐다. 부모들은 먹는 것, 입는 것, 교육받는 것 등 자신이 누리지 못했던 많은 것을 자녀에게 베풀었다. 이전 어느 세대보다 호강하며 산다. 그런데도 힘들어하는 아이들이 있다니, 이해가 되지 않는다. 도대체 사회에 나가서 밥벌이나 할 수 있을지 걱정스럽다.

아이들의 마음은 어떨까? 아이들은 어른들이 답답하다. 어른들의 요구에 몸과 마음이 지칠 대로 지쳤다. 초등학교 저학년 때까지는 이것저것 많이 배운다. 피아노, 바이올린, 미술, 태권도, 수영, 국악 등 다양한 것을 경험한다. 그러다가 4학년이 되면 예체능을 끊고, 영어·수학 학원에 등록한다. 학교 수업이 끝나도 운동장에서 놀 수 있는 시간이 없다. 바로 학원에 가야 하고, 학원 수업이 끝나면 학원 숙제를 해야 한다. 학원뿐만 아니라 학습지와 과외 수업을 받기도 한다. 어릴 때부터 시작된 사교육으로 지적 호기심은 사라져버렸고, 공부는 지겹고 억지로 하는 것이 됐다. 중학생, 고등학생이 되면 대부분은 번아웃burn-out(강도 높은 학업 스트레스로 인해 몸과 마음이 지친 상태)된다.

친한 동료 선생님 한 분은 지금까지 두 자녀에게 들인 사교육비가 약 2억 원이라고 한다. 놀라운 사실은 현재 자녀의 나이가 열 살, 여덟 살이라는 것이다. 네 살 때 영어 유치원을 시작으로 꾸준히 사교육에 투자했다. 두 자녀를 잘 키우고 싶은 마음에 시작했지만, 경제적 부담이 엄청났다.

그런데 더 걱정스러운 것은 자녀와의 관계였다. 퇴근 후, 학원에서 내준 아이의 숙제를 검사할 때마다 기준에 못 미치는 결과를 보게 되어 화가 났다. 하지만 아이는 밤 10시까지 공부하는 것은 기본이고, 시간이 부족할 때는 새벽 6시부터 공부를 시작한다. 주기적으로 학원에 다니며 레벨 테스트를 받았다. 하루 24시간은 공부만 하기에도 벅찼다. 그러니 부모가 자녀와 대화를 전혀 할 수 없었다. 어떤 생각을 하고 사는지, 요즘 학교생활은 어떤지, 친구들과는 잘 지내는지 이런저런 이야기를 할 수 있는 시간이 없다.

그 아이들이 지금 당장은 어리기 때문에 부모가 시키는 대로 따라갈 수 있다. 하지만 3년 후에는 어떤 모습일까?

보통 아이들은 어떤 선택을 할 때 단순하게 생각한다. 그냥 좋으면 좋고, 싫으면 싫은 거다. 옆 친구가 "이거 좋대. 너도 해봐"라고 하면 "알았어"라고 대답한다. 이게 왜 좋은지, 선택하면 어떤 결과가 있는지 고민하지 않는다. 옆 친구가 하는 말을 그냥 수용한다. 방과 후 수업을 선택할 때도 마찬가지다. 거기다 자신에게 필요하더라도 귀찮으면 신청하지 않는다. 생각하는 걸 귀찮아하고, 심지어 불필요하다고 느끼는 학생들이 점점 더 많아지고 있다. 또래끼리 대화하다 보면, 깊이 생각하는 아이들이 오히려 어색하게 느껴질 정도다.

일명 '귀차니즘'에 빠진 요즘 청소년이 한마음으로 뭉쳐서 열광하는 게 있다면, 바로 '아이돌'이다.

청소년기는 또래 집단의 정체성이 매우 중요한 시기다. 같은 팬클럽 회원이라는 사실만으로 동질감을 갖고 집단 정체성을 형성한다. 여기서 발생한 팬덤fandom이라는 용어는 'fanatic(팬, 무언가에 열광하는 사람)'과 'dom(세력권)'의 합성어로 특정 유명인에 열광하는 이들이 하나의 그룹을 형성한 것을 말한다.

팬덤의 문화적 영향력은 엄청나다. 2018년에 유니세프와 영화 「스타워즈」 측이 공동으로 진행한 영양실조 아동 식량 후원 프로젝트 'Roar For Change'가 거의 이틀 만에 최대 기부 목표 금액인 100만 달러를 모으는 데 성공했다. 이 과정에서 가수 방탄소년단의 팬클럽 '아미'의 적극적인 기부가 큰 영향을 미친 것으로 밝혀졌다. 이 사례로 충분히 알 수 있듯, 요즘 아이들은 좋아하는 스타를 응원하고 지지하는 데 아주 열성적이다.

KBS2 고민 상담 예능 프로그램 「안녕하세요」에 아이돌에 빠져 학교도 가지 않는 열일곱 살 소녀가 등장했다. 아이돌 그룹 세븐틴에 빠져 3년 동안 콘서트와 팬 사인회를 쫓아다니고, 콘서트를 다녀오면 에너지를 다 쏟았다고 학교를 결석하곤 했다고 한다.

사연의 주인공은 세븐틴의 데뷔 날짜부터 멤버들의 팀 내 역할, 성격까지 꿰뚫고 있었다. 세븐틴의 영상을 보느라 늦게 자니까 지각을 하거나 결석이 잦았다. 세븐틴의 출근길도 따라다니고, 24시간 동안 집에 안 들어간 적도 있다고 했다. 시험 기간에도 등교하지 않았다. 무단결석을 했으니 0점 처리되어 성적이 떨어졌고, 결국 중학교 3학년 때 유급을 받았다. 친구들은 고등학교에 올라가는데 혼자 3학년을 다시 다녀야 했다.

주인공의 아버지는 가족들이 모두 바쁜 탓에 막내딸을 제대로 돌보지 못했다고 말했다.

"우리 딸이 칠삭둥이로 태어났기 때문에 싫은 소리를 안 했던 것 같아요."

자책하며 눈물을 흘리는 아버지의 모습에 주변 사람들의 눈시울도 붉어졌다. 가수 황치열이 주인공에게 이렇게 조언했다.

"세븐틴이 같은 소속사라 어렸을 때부터 봤는데, 정말 열심히 노력해서 성공했어요. 팬들도 그렇게 살기를 원하지 않을까요?"

이후 세븐틴이 주인공에게 영상 메시지를 전했다. 세븐틴은 자신의 팬이라면 학교생활을 충실히 해달라고 당부했다. 주인공은 앞으로 부모님 말씀을 잘 듣고, 학교생활도 충실히 할 것을 약속했다.

세븐틴의 영상 메시지에 새로운 다짐을 하는 주인공의 모습에 안도감이 올라왔다. 그런 한편으로, 눈물을 흘리는 아버지의 조언에 반응하지 않던 딸의 모습에 씁쓸했다. 주인공을 누구보다 아끼고 사랑하는 사람은 가족이 아니겠는가.

한창 방황하는 청소년의 마음은 어른들이 이해하기 어렵다. 청소년 자신도 왜 그런지 모를 때가 많다. 때론 기분이 좋다가도 갑자기 우울해질 수도 있다. 그럴 때는 있는 그대로를 인정해주는 자세가 필요하다. 아이의 뇌는 환경에 의해 계속해서 바뀌며 20대 중반을 넘어서까지 변화한다. 청소년기는 위대한 가능성의 시간임과 동시에 독특한 위험 요소를 안고 있는 시간이기도 하다. 충동적이고 비이성적이고 고집스러운 결정을 내릴 때가 많다. 그것이 어쩌면 자연스러운 현상이다. 어른들도 왠지 모르게 기분이 좋거나 나쁠 때가 있지 않은가. 그냥 그럴 수 있다고 인정해보자.

부모도 아이도 서로의 마음을 잘 모른다. 그러므로 평소에 관심을 가지고 대화해야 한다. 가장 쉽고 제대로 해결할 수 있는 방법이 가족 간의 대화다. 아이들이 원하는 것이 무엇인지 잘 들어야 한다. 문제가 생길 때 화를 내거나 혼을 내는 것이 아니라, 서로 생각을 듣고 함께 의논하며 합의점을 찾아야 한다. 비 온 뒤에 땅이 단단해지듯이 갈등을 해결하는 과정에서 부모와 자녀는 서로를 잘 알게 된다. 처음에는 힘들 수 있다. 하지만 부모와 자녀가 서로의 마음을 알기 위해 노력하다 보면 함께 성장하게 된다.

우리는 왜
대화하지 않을까

최근 2~3년 전부터 교실에서 만나는 학생들이 낯설어졌다. 조회나 종례 시간에 교실에 들어가면 고개를 들지 않는 학생들이 보이기 시작했다.

아침 9시 교실 문을 열고 들어서면 고개를 들어 나를 쳐다보는 학생들, 고개를 숙이고 있는 학생들, 엎드려 있는 학생들, 사물함 주변에 서 있는 학생들이 눈에 들어온다. 너무나 어수선한 분위기에 당황하게 된다. 보통은 담임 선생님이 교실에 들어오면 "안녕하세요?"라고 반갑게 인사를 하는데 말이다. 내가 먼저 인사를 건넨다.

"안녕하세요?"

반응이 없다. 마치 처음 인사하듯이 다시 인사를 한다.

"안녕하세요? 우리 서로 인사하면서 하루를 시작합시다."

그제야 학생들은 고개를 들고 작은 목소리로 인사한다. 옆구리 찔러 인사를 받으며 하루를 시작하는 날이면 기분이 영 찝찝하다.

한번은 고개를 숙이고 끝까지 인사를 하지 않는 A에게 다가갔다. 내가 근처에 왔는지조차 모른 채, 집중해서 게임을 하고 있다. 조용히 이름을 부르니 나를 쳐다본다. 그러곤 다시 휴대전화를 보며 열심히 게임을 한다. 마치 내가 투명 인간이 된 것 같았다.

시간이 좀 지난 후에 A에게 물어봤다.

"조회 시간에 선생님이 다가갔을 때 어땠어?"

"아무 생각 없었는데요."

A는 아무 생각이 없었고, 다만 게임에 집중하고 있었다는 것이다. 그 순간 A에게는 담임 선생님을 쳐다보는 것보다 게임 레벨을 올리는 것이 더 중요했다. 나로선 그야말로 격세지감隔世之感을 느꼈다.

공부를 꽤 잘하는 학생들도 아침에는 멍하게 앉아 있을 때가 많다. 내가 하는 말을 전혀 듣지 않는 듯하다. 내 눈을 쳐다보지 않고, 대개는 책상에 고개를 처박고 있거나 허공에 시선을 두고 있다.

어느 날 B와 상담을 하는데 그가 이렇게 말했다.

"선생님, 사실은 저 선생님 이야기 다 듣고 있어요. 그냥 안 듣는 척하는 거예요."

그렇게 말하는 B의 따뜻한 마음이 느껴져서 고마웠다.

"고맙다. 근데, 안 듣는 척하는 이유가 뭐야?"

"괜히 다른 친구들이 신경 쓰이기도 하고…… 좀 그래요."

같은 반이라고 해서 서로 잘 아는 건 아니기에 사소한 행동을 할 때도 은근히 친구들의 눈치를 보게 된다. 그래서 교실 안에서의 행동이 조심스럽고 부자연스러워진다.

1학년 때 같은 반이었고 친한 사이였던 C와 D가 2학년 때도 같은 반이 됐다. 그런데 둘은 2학년이 되고부터는 서로 알은체도 하지 않았다. 알고 보니 1학년 때 게임을 같이 하면서 욕설이 오간 이후로 어색해지기 시작했고, 서로가 상대에 대한 뒷말을 하면서 관계가 틀어진 것이다. 몇 차례 상담하면서 갈등을 중재하려고 노력했는데 C는 화해할 의사가 있었지만, D가 원하지 않아 결국에는 원만한 관계로 회복되지 못했다. 참 안타까웠다.

이처럼 아이들의 마음은 참 알다가도 모르겠다. 어리다고 생각해도 나름대로 자신들만의 세계와 규칙이 있고, 의외의 면에서 섬세함과 예민함을 드러내곤 한다. 아이들의 마음은 왜 그리 부서지기 쉽고 예민할까? 그 원인 중 하나로 환경을 들 수 있다.

예전에는 지역사회가 아이를 키웠다. 먹고살기 바쁜 부모님들이 챙겨주지 않아도 알아서 학교에 가고, 골목길에서 뛰어놀면서 컸다. 골목에서 놀고 있으면 동네 어른들이 과자를 사주기도 했고, 잘못된 행동을 하면 혼내기도 했다. 문밖을 나가면 친구들과 언니, 오빠들이 있어서 온종일 뛰어놀 수 있었다. 술래잡기, 고무줄놀이, 땅따먹기 등 여러 명이 팀을 이루어 하는 놀이가 대부분이었다. 학교에서도 한 반에 50명이 넘게 앉아 있었다. 더 친한 친구들이 분명 있긴 했지만, 대부분은 반 친구들과 잘 어울렸다.

그런데 지금은 한 가정이 아이를 키운다. 상황에 따라 한 아이를 최대 6~7명의 어른이 키우기도 한다. 맞벌이하는 부모, 조부모, 외조부모, 그리고 여기에 아이 돌보미분이 번갈아 가며 맡는 것이다. 그러다 보니 아이는 가족들의 관심과 사랑을 독차지하는 것을 당연하다고 여긴다. 작은 필요에 즉각 응하지 않으면 불만을 터트린다. 상대방의 입장을 배려하기보다는 자신이 원하는 것을 얻는 게 우선이다.

반대인 경우도 있다. 부모님이 집을 비우는 시간이 많은 집의 아이들은 학교가 끝나도 방과 후 수업을 듣거나 학원을 돌다가 늦은 저녁이 되어서야 집으로 들어간다. 그때까지도 부모님은 돌아와 계시지 않기에 현관문을 열면 인기척이 없고 싸늘한 기운이 감돈다. 캄캄한 거실의 불을 켜면 왠지 모를 한숨이 나오기도 한다. 혼자 저녁을 차려 먹고, 숙제를 하노라면 눈물이 핑 돌아 글자가 보이지 않는다. 노트 위에 뚝뚝 떨어지는 눈물을 보며 휴지를 찾는다. 부모님과 아이들 모두 너무나 바쁜 일상을 살아간다.

게다가 이제는 누구나 쓰는 스마트 기기가 소통의 단절까지 가중하기도 한다. 대중교통은 물론, 집에서도 각자 손에 든 스마트 기기에만 눈을 두는 시대다. 스마트 기기의 발명은 우리 생활에 일대 혁명을 가져왔다. 휴대전화만 있으면 전화나 문자는 물론, 언제 어디서나 필요한 정보를 검색할 수 있다. 은행 업무도 손쉽게 볼 수 있으며, 신용카드를 가지고 다닐 필요도 없다. 다양한 앱을 활용하면 길 찾기나 맛집 검색부터 동영상, 게임 등 푹 빠져들 만한 것들을 무료로 다운받을 수 있다.

하지만 이런 스마트 기기의 과다한 사용은 중독을 초래하고, 우리의 뇌를 퇴화시킨다. 뇌가 성장 중인 10대들에게는 더 치

명적일 수밖에 없다. 코네티컷 의과대학교의 정신과 교수이자 기술중독센터 설립자인 데이비드 그린필드David Greenfield 박사는 스마트 기기를 '휴대용 도파민 펌프'라고 불렀다.

도파민은 신경전달물질 중의 하나로, 즐거운 상황이나 의욕을 조절하는 뇌 속의 물질이다. 예컨대 운동 시합에 나갈 때 '경기에서 꼭 이겨야지'라고 의욕을 불태우고 그 대가로 보상을 받으면 기분 좋은 쾌감을 느끼도록 작용한다. 그런데 도파민이 과잉 분비되면 중독에 빠질 위험이 큰데, 특히 스마트 기기가 그러하다. 그래서 많은 사람이 스마트 기기를 손에서 놓지 못하는 것이다. 실제로 수업 시간에 휴대전화를 사용하는 문제로 교사와 학생 간에 종종 갈등이 발생하기도 한다.

가장 큰 문제는 스마트 기기를 과다하게 사용하면, 다른 사람들과 직접 대면할 기회가 줄어든다는 점이다. 그러다 보니 자연스럽게 가정에서도 대화가 더 줄어들고 있다.

어쨌거나 우리는 사회의 이와 같은 전반적인 변화를 인지하고 아이를 바라봐야 한다. 미래 사회는 다른 사람의 마음에 공감하고 소통하며 협업할 수 있는 인재를 필요로 한다. 부모와 교사는 우리 청소년들이 스마트 기기에 의존하느라 관계를 단절하지 않고, 사람과 소통할 수 있도록 이끌어야 한다.

아이가 공감하고 소통할 줄 아는 사람으로 자라려면, 우선 가정의 따뜻한 온기를 느끼게 해주어야 한다. 하루 10분이라도 아이와 대화를 시작해보자. 오늘 가장 재밌었던 일은 무엇인지, 점심 급식은 맛있었는지 등과 같은 사소한 이야기부터 하면 된다. 사소한 이야기를 하다 보면 어느새 편하게 수다 떨기 시작하는 아이를 볼 수 있을 것이다.

이제 성적으로 줄을 세우는 것을 멈추고, 아이들의 다양성을 인정하고 존재 자체로서 존중해야 한다. 그래야 우리나라에서도 스티브 잡스Steve Jobs, 마크 저커버그Mark Zuckerberg 같은 창의적인 인재들이 나올 것이다. 어른들이 그 길에 함께하기를 진심으로 바란다.

부모가 다 해줄수록
아이는 나약해진다

며칠 전 우리 반 학생 H가 찾아왔다. 방학 동안 지구과학과 관련하여 조사한 내용이 있으니 교과 세부능력 특기사항에 기록해달라는 것이다. 이는 수업 시간 중에 관찰한 내용을 적어주는 것이 원칙이기에 나는 상황을 설명하고 H를 돌려보냈다. 얼마 후 H의 어머니로부터 민원 전화가 왔다. 그런데 H는 그 후에도 다른 교과 선생님을 찾아다니며 프린트물을 내밀었다. 거절을 당할 때마다 H의 어머니는 담임인 나에게 민원 전화를 했다. 학생 생활기록부에 안달 난 사람은 학생이 아니라 학생의 어머니였다.

부모가 적극적이면 자녀가 소극적인 경우가 많다. 내가 지켜본 수많은 부모는 자녀가 직접 문제를 해결할 때까지 기다리지 못한다. 자녀 대신 자기가 나서서 문제를 해결해버린다. 물론 때에 따라서는 부모가 해결해야 하는 것도 있다. 예를 들어 자녀의 행동 때문에 다른 사람들이 피해를 보는 경우라면 적절한 조치가 필요하다.

하지만 자녀가 스스로 문제를 해결하면서 성장하는 것이 가장 바람직하다. 사실 누구나 살아가면서 다양한 갈등 상황과 문제에 부딪힌다. 이를 해결하는 데 필요한 모든 능력은 그 사람 안에 있다. 단지 개발되지 않았을 뿐이다. 부모가 해결책을 제시하다 보면, 자녀는 자기 안에 문제를 해결할 능력이 있다는 것도 깨닫지 못한 채 어른이 된다. 자신만의 문제 해결 능력을 개발하지도 못한다. 더 심각한 것은 문제가 생길 때마다 부모에게 의존하게 된다는 것이다. 부모가 자녀의 문제를 떠안는 순간, 엄청난 부담감과 책임감도 함께 짊어져야 한다.

내가 존경하는 교장 선생님과 대화하던 중에, 큰 깨달음을 얻은 적이 있다. 그분은 아이를 키우는 나에게 진심 어린 조언을 해주셨다.

"선생님, 아이가 하고 싶어 하는 일을 하게 하세요. 절대 강제로 시키지 마세요."

이유를 여쭤봤다. 교장 선생님은 교사라는 직업이 참 좋았다고 한다. 그래서 큰아들을 체육교육학과에 보내셨다. 그런데 아들이 몇 년째 임용시험에 떨어지면서 엄청난 원망을 쏟아낸다는 것이다. 부모 입장에서 얼마나 가슴이 아프겠는가. 부모가 자녀를 사랑하는 마음은 말로 다 표현할 수 없을 것이다. 자기 목숨도 내놓을 만큼 사랑하는 존재가 바로 자식이다. 하지만 자녀의 진로를 부모가 선택하는 순간, 잘못됐을 때 자녀는 부모를 원망한다. 무엇이든 자녀 스스로 선택하고 문제를 해결하게 한다면 자녀 스스로 책임을 지게 된다. 이때 부모는 조언자, 조력자의 역할만 하면 된다.

나는 두 아들의 엄마인데, 아들을 키워본 엄마들은 두 아들을 키운다는 말에 공감의 탄성이 절로 나올 것이다.

큰아이가 초등학교에 입학하는 순간부터 가슴이 타들어 가는 날이 많았다. 한번은 2학년 때 같은 반 친구인 I가 학기 초에 생일 파티를 하면서 아이를 제외한 대부분의 남학생을 초대했다. 아이는 자기가 소외됐으니 얼마나 속상했겠는가.

그 후 I가 오해를 하면서 잘못된 소문을 퍼뜨렸고, 헛된 소문 때문에 큰아이는 거짓말쟁이로 여겨졌다. 물론 아이들끼리 놀다 보면 사소한 오해가 있을 수 있지만, 그냥 두면 일이 더 커질 것 같았다. 그래서 I의 어머니에게 전화를 걸어 아이들과 함께 넷이 만났다. 대화를 하던 중에 I가 오해했다는 것을 알게 됐다. 화해는 했지만 관계가 회복되지 않았다. 큰아이만 빼고 축구를 한다든가, 운동장에서 놀 때도 끼워주지 않았다.

나는 출근을 해서도 온통 첫째 아들 생각으로 가득했다. 내가 나서서 해결할 수 있는 문제도 아니었다. 고민 끝에 내가 선택한 것은 조력자 역할이었다. '그래, 첫째를 믿자. 아이 안에 이 문제를 해결할 힘이 있어'라는 생각으로 마음을 다잡았다.

퇴근 후, 웃으며 아들을 맞았다. 나를 보자마자 눈물이 그렁해진다. 가슴이 찢어지지만, 최대한 평온한 마음을 유지하고 대화를 했다.

"오늘 하루 어땠어?"

"너무 속상했어. 내가 가면 자리를 피하고, 내가 안 그랬는데 내가 했다고 선생님께 이야기하고……."

이야기를 듣고 있자니 몸과 마음이 너무 힘들었다.

그 뒤로 아이는 매일 속상했던 이야기를 털어놓았다. 나는 코칭을 하고 있기 때문에 이 순간만큼은 내 아들이 아니라 고객이라고 생각했다. 충분히 이야기를 듣고, 질문을 하며 1시간씩 대화했다.

어느덧 1년이 지났다. 아이가 나름대로 방법을 찾아가는 모습이 기특했다. I와 친구들이 끼워주지 않으면 다른 친구들을 찾아 놀았다. 부당할 때는 선생님께 말씀드렸다. 선생님이 다 들어주시지 않아 속상해하긴 했지만, 그래도 자기 생각을 말씀드렸다. 우는 시간이 조금씩 줄어들었다.

3학년이 됐을 때 아이는 훌쩍 자라 있었다. 학급에서 체육부장을 하면서 즐겁게 학교생활을 하게 됐다. 무엇보다 담임 선생님이 아이의 리더십과 성실함을 많이 칭찬해주셨다. 2학년 시절은 큰아이에게 역경의 시간이었다. 하지만 아들은 스스로 문제를 해결하기 위해 직접 부딪쳤다. 많은 상처를 받았지만, 그만큼 강해졌다.

엄마인 내가 계속 나섰다면 어떻게 됐을까? 아마 아들은 작은 일에도 나에게 도움을 요청했을 것이다. 스스로 뭔가 해야겠다는 생각을 못 했을 것이다. 1년은 꽤 긴 시간이다. 그 시간을 이겨낸 경험이 나와 아들을 함께 성장시켰다. 지금은 2학년 때 싸우던 친구들과도 잘 지낸다. 아픈 시간을 겪었지만 그만큼 성장했다.

어린 자녀가 속상해하는 것을 두고 볼 수 없어서 원하는 것을 다 들어주는 부모가 많다. 원하는 것을 다 가지는 게 버릇이 된 자녀는 결국 부모를 마음대로 휘두르려고 한다. 이게 아니다 싶어서 "안 돼"라고 말하면 떼를 쓰고 고집을 부린다. 결국 부모는 굴복하고 만다.

'절대로 자녀의 기를 꺾으면 안 된다'라고 생각하는 부모도 있다. 개성이 강하고 당당한 사람으로 살아가길 바라면서 말이다. 물론 자기 생각을 펼치며 당당하게 살아가는 것은 중요하다. 그렇지만 이런 과잉보호는 자녀를 어린아이의 상태에 머물게 한다. 어린 시절부터 현실에 맞춰 자신의 욕구를 조정하고 다른 사람과 타협하는 법을 배울 수 있도록 도와야 한다. 세상은 내 마음대로 되는 것이 아님을 알게 해주어야 한다.

시간이 흘러 청소년기가 되면 또 한번 자녀와 거리를 두어야 한다. 자녀가 말대꾸도 하기 시작할 것이다. 그만큼 성장했다는 뜻이다. 신체도 급격히 성숙한다. 이 시기는 성장이 급격히 이뤄지기 때문에 새로운 것을 빨리 배울 수 있다. 뇌와 신체는 어른에 가까운데, 정서적으로 불안한 상태다. 또한 스스로 할 수 있는 힘과 의지가 생기는 시기다. 부모보다 친구가 더 좋아지고 이성 친구가 생기기도 한다. 어른들은 이런 마음도 자연스럽게 받아주어야 한다.

요즘은 성인이 된 후에도 부모에게 의존하는 자녀가 많다. 대학생 자녀의 수업 시간표를 대신 짜주는 엄마도 있고, 성인 자녀의 취직 준비까지 돕는 부모가 드물지 않다. 요즘 부모에 대한 의존성 문제는 상당히 심각하다. 이 의존 문제는 자녀에게만 있는 게 아니다. 자녀가 청소년기를 지나 성인이 되고 결혼까지 했는데도, 자녀의 삶에 관여하려 하는 부모들도 있다.

청소년기에 신체적·심리적으로 자기 관리 욕구가 생길 때 부모는 현명하게 대처해야 한다. 자녀 스스로 자기 관리 영역을 넓힐 수 있도록 도와주어야 한다. 만약 계속해서 부모가 도움을 준다면, 결국 사회에 나가 독립된 인격체로 살아가기 힘들다.

쇠는 두드릴수록 단단해진다. 온실 속의 화초는 나약하지만, 햇빛과 비바람 속에서 자라는 풀은 강하다. 사랑하는 자녀를 비바람에 맞서는 강인한 풀로 키우자. 당장은 마음이 아플 수 있다. 그렇지만 믿고 지켜본다면 아이는 분명 책임감 있는 어른으로 성장할 것이다.

아이를 위한
자존감 수업

아이에게 이런 질문을 해보자.

"너 자신에게 점수를 준다면 몇 점 정도일 것 같아?"

100점이라고 하는 아이도 있을 테고 80점이라고 하는 아이도 있을 것이다. 0점, 심지어 마이너스 점수가 나올 수도 있다.

예를 들어 아이가 친구와 밥을 먹다가 테이블에 물을 쏟았다고 해보자. 어떻게 반응하겠는가? 대개는 친구에게 사과하고 휴지로 물기를 닦아내며 다음부터는 주의해야겠다고 생각할 것이다. 그런데 '나는 왜 이렇게 덤벙거릴까?', '난 정말 칠칠치 못해'라며 자책하고 괴로워하는 아이도 있다. 자존감이 낮을수록 자신에게 낮은 점수를 주고 실수할 때마다 자책한다.

자존감은 자신을 바라보는 관점이자 자신을 존중하는 힘이다. 자신이 사랑스럽고 소중한 존재라는 믿음이다. 즉, 자신을 가치 있고 사랑받을 만한 존재라고 생각하며 자신의 능력을 믿는 것이다. 자신이 소중하다고 생각하는 사람은 결코 위험한 중독에 빠지지 않는다. 자신이 얼마나 소중한지 모르기 때문에 자신을 해치는 선택을 하는 것이다.

우리나라의 자살률이 OECD 회원국 평균의 3배나 된다는 사실을 아는가? 우리나라는 2000년 이후로 약 10여 년간 OECD 회원국 중 자살률 1위라는 불명예를 기록했다. 통계청의 자료에 의하면, 청소년 사망 원인 중 첫 번째가 자살이라고 한다. 이것이 지금 당장 자녀의 자존감 회복에 초점을 맞춰야 하는 이유다.

자존감이 높은 아이는 자신이 매우 가치 있다고 생각한다. 자신의 능력에 대한 믿음이 있기 때문에 자기 판단을 믿고 신뢰한다. 다양한 선택의 순간에 주저하지 않는다. 설령 실패하더라도 자신을 탓하며 좌절하기보다는, 그 상황을 더 정확하게 이해하고 실패의 원인을 찾아 해결하면 된다고 생각한다.

자존감이 높다는 것은 타인에 대해서도 긍정적인 이미지를 가지고 있다는 의미다. 혼자 해결할 수 없는 곤란한 상황에 처하면 기꺼이 도움을 요청한다. 다른 사람에게 자신의 강점과 약점을 있는 그대로 보일 수 있기 때문에 진솔하고 원만한 인간관계를 맺는다. 부모나 교사의 눈치를 살피지 않고, 자신이 원하는 것을 분명하게 표현한다. 세상은 재미있고, 내가 할 수 있는 것이 많은 곳이라고 생각한다. 새로운 일에 도전하기를 즐긴다. 스트레스 상황이 오더라도 이것이 오래 지속될 거라 생각하지 않기 때문에 잘 이겨낸다.

반면, 자존감이 낮은 아이는 자신의 판단 능력을 믿지 못하기 때문에 선택하기를 주저한다. 실패했을 때는 실패를 인정하기 힘들기 때문에 남 탓을 하면서 책임을 전가한다. 때로는 거짓말을 해서라도 벗어나려고 할 뿐 문제를 해결하려 하지 않고, 쉽게 포기한다.

또한 다른 사람이 자신에게 호의적이지 않을 것으로 생각하기 때문에 도움을 요청하지 않는다. 다른 사람이 자신을 비난하거나 공격한다고 생각해서 자주 화를 내거나 공격적인 태도를 보이기도 한다. 또한 다른 사람의 표정이나 반응에 영향을 많이 받기에 다른 사람의 표정이 어두우면 안절부절못한다. 세상에 대해서도 부정적인 이미지를 가지고 있다. 세상은 위험하고 살기 힘든 곳이라고 생각한다. 새로운 일이 생기면 그 일 역시 위험하고 자신을 힘들게 할 거라 생각하기 때문에 새로운 일이나 환경을 피하려고 한다. 스트레스를 받는 상황이 오면 이 상황이 오래 지속될 거라 생각하기 때문에 포기하거나 주저앉기 쉽다.

자존감은 애착attachment과 관련이 많다. 애착은 '양육자와 영아 사이의 정서적 유대감'을 말한다. 아이는 0세에서 만 3세까지 주 양육자와 다양한 상호작용을 하는데, 그 상호작용의 방식에 따라 자신과 타인에 대한 표상을 가지게 된다. 예를 들어, '다른 사람들은 착한 사람을 좋아한다'라는 타인에 대한 표상이 있는 사람은 다른 사람에게 인정받고 사랑받기 위해 착한 행동만 하게 된다. '나는 힘이 없고 부족하다'라는 자기 표상을 가진 사람은 힘든 일이 생기면 그 일을 피하거나 다른 사람에게 의존한다.

애착은 초기에 부모와의 관계에서 형성되지만, 다른 중요한 타인과 관계를 맺으면서 또 다른 애착이 형성되기도 한다. 조부모, 교사와의 사이에서 형성될 수도 있다. 어른들이 아이에게 일관되고 민감한 반응을 보이면, 어린 시절 애착을 형성하지 못한 아이도 신뢰감을 통해 안정애착을 형성할 수 있다.

아이의 자존감은 자신에게 중요한 대상의 반응에 의해 형성된다. 아이가 자신에 대해 긍정적인 자아상을 가지기 위해서는 부모의 민감한 반응이 필요하다.

여기에서 '민감한 반응'이란 아이의 감정과 욕구를 신속하게 알아차려서 정확하게 해석하고, 적절하게 반응하는 것을 뜻한다. 아이는 자신의 마음을 다양한 방법으로 표현한다. 그러므로 아이의 마음을 잘 알려면 부모가 관심을 기울이고 민감하게 반응해야 한다. 아이가 보내는 다양한 신호, 즉 언어와 비언어적 신호에 숨겨진 감정·생각·욕구와 행동의 동기 및 목적을 알아야 한다. 그런 다음 아이가 자신의 감정·생각·욕구를 표현하도록 도와주고, 원하는 것을 해결할 기회를 제공해야 한다.

흔히 우울하면 잠을 잔다고 생각하지만, 어떤 아이는 우울하면 산만해지고 화를 내기도 한다. 슬프면 운다고 생각하지만, 뭔가를 먹거나 짜증을 내는 아이도 있다. 또 화가 날 때 소리를 지르는 아이도 있지만, 입을 꾹 다물고 아무 말 하지 않는 아이도 있다. 아이의 감정을 알아차리려면 주의 깊게 관찰해야 한다. 평상시에 메모를 해두면 도움이 될 것이다. 아이의 감정과 생각의 패턴을 발견하면 훨씬 더 빠르게 대처할 수 있다. 아이의 마음을 알아차리는 데에는 관찰이 기본이다. 아이의 신호는 퍼즐 조각과 같다. 조각을 많이 맞출수록 전체 그림을 예상하기 쉽다. 아이만의 신호를 잘 감지하기 위해 표정, 몸짓, 눈빛, 말투 등 모든 것에 관심을 가지고 살펴봐야 한다. 그러면 아이가 평소와 다른 신호를 보낼 때 바로 알아차릴 수 있다.

EBS에서 방영한 「다큐 프라임」 중 아이의 사생활 편에서 하버드대학교 교육학과 조지핀 킴Josephine Kim 교수는 이렇게 말한다.

"자존감은 성공하는 삶을 살아가는 데 꼭 필요한 요소다. 자존감의 핵심은 자기 가치에 대한 믿음과 자신감이다."

어떤 상황에서도 자신을 존중하는 힘이 바로 자존감이다. 극단적인 경쟁 사회에서도 자존감이 높으면 행복한 삶을 살아갈 수 있다.

아이 스스로 자신이 가치 있는 것을 알고, 자신의 능력을 믿고 신뢰하게 하려면 부모와 교사는 어떻게 해야 할까? 아이가 실수를 하거나 부모의 기준에 만족스럽지 않더라고 화를 내면 안 된다. 아이의 생각, 감정, 욕구를 있는 그대로 수용해주는 자세가 중요하다. 사실 아이의 이야기를 잘 듣기만 해도 존중받는다고 생각할 것이다.

어느 날, K가 평소와 달리 시무룩한 표정으로 복도에 앉아 있었다. 우연히 그 모습을 본 나는 잠시 걸음을 멈추고 무슨 일이 있는지 물어봤다. 지필평가 성적이 떨어져서 우울하다는 것이다. 대화를 하다 보니 진짜 고민은 다른 데 있었다. 여자 친구와 사귄 지 3개월째라면서, 여자 친구와 데이트하는 것이 너무 좋은데 성적 때문에 어떻게 해야 할지 고민이라는 것이다. 도서관에서도 집중이 잘 안 됐다며 깊은 한숨을 쉬었다.

이럴 때 "네가 그러니까 성적이 떨어지지"라고 이야기하면 아이는 입을 다물어버린다. 나는 이렇게 말했다.

"지금은 여자 친구와 함께 있는 게 더 좋은가 보다. 성적이 떨어져서 걱정도 되고……. 마음이 복잡하겠네."

이렇게 아이의 혼란스러운 생각과 감정을 그대로 수용해주어야 한다. 그 후에 자신을 위해 바른 판단을 할 수 있도록 도와야 한다.

특히 청소년기는 혼돈의 시기다. 깊은 고민을 통해 내가 누구인지, 사회에서 어떤 역할을 할 수 있는지 등을 깨우쳐야 건강한 정체성이 형성된다.

말 그대로, 자아 정체성이 확립되는 시기이므로 대인관계, 특히 친구와의 관계가 매우 중요하다. 아이들이 집단에 잘 소속될 수 있도록 관심을 가지고 살펴봐야 한다. 아이가 친구 관계에 문제가 생겼을 때, 공부나 하라고 혼내는 대신 아이의 감정을 그대로 존중해주어야 한다.

진심으로 돌봐주는 한 사람의 어른만 있어도 아이는 변한다는 말이 있다. 부모, 교사는 소명감을 가지고 내 앞에 마주한 아이를 있는 그대로 인정해주어야 한다. 현재의 모습을 보고 비난하거나 판단하지 말고, 미래의 성장한 모습을 바라봐야 한다. 아이의 자존감이 잘 자랄 수 있도록 진심으로 응원하고 도와주어야 한다.

엄마를 위한 눈높이 연습 TIP

아이 자존감 지수 진단하기

☑ **우리 아이의 자존감 상태, 어떠한가요?**
   해당되는 곳에 표시를 해보고 아이에게 필요한 삶의 자세를 생각
   해봅시다.

A 유형	체크	B 유형	체크
맡은 일을 주도적으로 해 결한다.		일이 생겼을 때 남에게 의지를 많이 한다.	
자신이 한 일에 책임을 지려고 하는 편이다.		본인이 무가치한 사람이 라고 평가한다.	
실패해도 쉽게 좌절하지 않는다.		실패하면 좌절감에서 빠 져나오지 못한다.	
자기 생각과 판단을 중요 하게 여긴다.		남에게 많이 휘둘리는 편 이다.	
필요할 땐 도움도 잘 청 한다.		도움을 쉽게 요청하지 못 한다.	
매사에 의욕적이다.		수동적인 편이다.	
자신의 감정을 솔직하게 잘 드러낸다.		감정을 드러내는 걸 두려 워하거나 불만이 많다.	
자기 자신을 긍정적으로 이야기한다.		자기 자신을 부정적으로 이야기한다.	
체크 개수		**체크 개수**	

• A 유형의 체크 개수가 절반 이상이면 자존감이 높은 편
• B 유형의 체크 개수가 절반 이상이면 자존감이 낮은 편

혼내는 만큼
아이는 멀어진다

독일의 철학자 카를 야스퍼스Karl Jaspers는 사람들이 살아가면서 변화시킬 수도 피할 수도 없는 현실적 상황을 '한계상황grenzsituation'이라 칭하고, 이것이 사람을 좌절시키는 원인이라고 설명했다.

우리 사회는 많은 사람을 좌절시키기에 충분한 조건들을 가지고 있다. 학교 시스템만 봐도 그렇다. 1등급부터 9등급까지 줄을 세우는데, 아무리 열심히 공부해도 상위 4퍼센트 안에 들어야만 1등급을 받는다.

학교가 지식만 배우는 곳이 아니라는 건 누구나 인정하는 사실이다. 선생님과 친구들을 만나며 소통하는 법을 배우는 곳이기도 하다. 나와 다른 타인을 만나 갈등을 겪고 해결하는 과정에서 인격이 성장한다. 학생들이 서로 대화하면서 웃는 모습을 보면 내 마음도 밝아진다. 농구, 축구, 야구를 할 때 얼마나 밝고 건강하게 웃는지 그 모습을 보는 것만으로도 기분이 좋아진다. 학교에서 경험하는 친구들과의 추억은 아이들이 평생 간직할 소중한 보물이다. 사회에 나가기 전에 필요한 것들을 준비하며 함께 배우고 성장할 수 있는 곳이 바로 학교다. 다양한 기회를 통해 동기부여를 받고 자신을 성장시키기 위해 최선을 다하는 곳이다.

하지만 학교 시스템은 정체되어 있고, 때로는 가혹하기까지 하다. 일제강점기의 교육 시스템이 아직도 고스란히 남아 있다. 네모난 교실 안에서 획일화된 방식으로 지식을 배운다. 다양한 교육과정과 평가 방법이 시도되고 있지만, 여전히 지식 전달 위주의 교육이다. 주입식 교육이다 보니, 학생들이 스스로 공부하고 성장할 기회가 거의 없다.

오전 9시부터 오후 5시까지 정해진 시간표에 따라 수업을 받는 것으로도 모자라, 방과 후에는 대부분 학원에 간다. 학원에서도 주입식 교육을 받고, 밤이 되어서야 집으로 간다. 학원이 끝난 후에 도서관으로 가는 학생들도 있다. 원하는 대학에 가기 위해서는 경주마처럼 주변을 돌아볼 여유 없이 달려야 한다. 이런 상황에서 어떻게 자기 생각을 가지며 성장할 수 있겠는가. 오히려 공부에 대한 의욕을 상실하고 만다.

이런 환경에서는 무기력한 학생들이 늘어날 수밖에 없다. 아무리 노력해도 1등급을 받을 수 없다는 것을 계속해서 학습하기 때문이다. 사람은 노력해도 소용없다는 것을 체험하고 나면, 다시는 새로운 시도를 하시 않게 된다.

무기력은 원인이 아니라 결과다. 나는 지금까지 무기력한 아이들을 수없이 만났다. 그들이 무기력하게 살아가는 데에는 저마다의 이유가 있다. 학교 시스템 안에서 무기력해진 아이도 있고, 그동안의 삶에서 무기력해진 아이들도 있다.

지금 당장 아무것도 하지 않는 무기력한 아이들에게 어른들은 화를 낸다. 더 열심히 살라며 다그치고, 더 고생을 해봐야 한다며 협박까지 한다. 그럴수록 아이들은 도망가고 싶어진다. 무기력의 늪으로 빠진다. 책상에 엎드려 일어나지 않고, 아무것도 하지 않으려 한다. 마음이 불안할수록 게임이나 인터넷 도박과 같은 중독에 빠질 확률이 높다. 그리고 다가오는 어른들을 철저히 차단한다. 상처받기 싫고 더 힘들어지기 싫어서 마음의 문을 걸어 잠그고 무감각해지는 길을 선택하는 것이다.

나에게도 비슷한 히스토리가 있다. 내 마음에는 어린 시절부터 깊은 외로움과 우울감이 있었다. 어른들을 안심시키기 위해 괜찮은 척, 밝은 척을 해야 할 때가 많았다. '나 때문에 엄마가 힘든 걸까?' 하고 늘 눈치를 보며 노심초사했다. 무력감을 안고 살다 보니, 고등학교에 올라갈 때쯤에는 열정적으로 살아갈 용기가 나지 않았다. 나의 약한 마음을 들키지 않기 위해 안간힘을 썼다. 어른들의 눈에는 보이지 않았지만, 내 마음은 울부짖고 있었다. 사실 나조차도 내 마음을 잘 몰랐다. 그저 겁이 나고, 하기 싫고, 도망가고 싶었다. 그래서 책상에 엎드려 잠만 잤다.

고등학교 시절, 처음 지각을 할 때는 발을 동동 구르며 버스를 기다렸다. 교실에 도착하면 불편한 마음, 미안한 마음에 고개를 들지 못했다. 하지만 하루, 이틀 지각하는 횟수가 늘면서 무감각해졌다. 갈수록 지각하는 것에 익숙해졌다. 수업 시간에 엎드리는 것도 마찬가지였다. 처음 엎드릴 때는 눈치가 보였다. 하지만 수업 시간, 쉬는 시간 가리지 않고 계속해서 잠만 잤다. 선생님들도 처음에는 아프냐고 물어보셨지만 시간이 지나면서는 모른 척하셨다.

수업 시간 교실에서 나의 존재는 투명 인간과 같았다. 그게 싫었지만 차츰 익숙해졌고, 다시 돌아갈 길을 잃어버렸다. 마치 안개가 자욱한 새벽길을 혼자 걸어가는 기분이었다. 앞이 보이지 않아 가슴이 답답했다. 어디로 가야 할지 몰라 그 자리에 주저앉아 울고 싶었다.

살다 보면 길을 잃고 주저앉아 울고 싶을 때가 있다. 열심히 살다가 갑자기 의욕을 잃어버리는 경우도 있다. '번아웃 증후 군'이다. 정신적·신체적 피로 탓에 무기력해지는 증상을 뜻하는 심리학 용어로 우울증, 자기혐오 등 다양한 증상으로 표출된다. 어떤 일에 몰두하던 사람이 갑자기 모든 에너지가 소진되면서 극도의 무기력감에 시달린다면 번아웃 증후군으로 볼수 있다. 과도한 스트레스를 받거나, 많은 시간 노력했지만 기대한 보상을 얻지 못하고 좌절감을 느낄 때 주로 나타난다. 또는 가족이나 가까운 사람의 죽음 등이 원인일 수도 있다.

사실 무기력은 모든 걸 포기했을 때 나타나는 상태라고 해석할 수 있다. 더 분노해도 소용없다고 생각할 때 무기력한 채 지내는 길을 선택한다는 것이다. 무기력에 빠지면 인생이 재미없어지고 아무것도 하기 싫어진다. 살아갈 힘이 없어진다. 때로는 목표가 너무 높아서 노력해도 안 되는 경험을 반복하다가 무기력해지기도 한다. 우리 반 학생 F는 시험공부를 정말 열심히 했는데도 성적이 나오지 않자, 다시 수업 시간에 잠을 자기 시작했다. 어려서부터 반복된 좌절의 경험이 결국 무기력한 삶을 선택하게 한 것이다.

이미 40대 이상인 부모나 교사의 눈에는 청소년들이 너무 쉽게 포기하는 것처럼 보일 것이다. 그러나 지켜보는 어른들 마음도 답답하겠지만, 아이의 마음은 오죽하겠는가.

학교는 아이가 행복한 곳이어야 한다. 그래야 함께 배우고 성장하는 즐거움을 맛볼 수 있다. 먼저 학교가 지금의 시스템을 바꾸고자 노력해야 한다. 주입식 교육 말고, 토론할 수 있는 교육과정이 적용되어야 한다. 학생들이 천천히 읽고, 생각하고, 마음껏 말할 수 있는 환경이 조성될 때 무기력을 극복하고 정답이 없는 문제를 해결할 줄 아는 인재가 양성된다.

소망이 하나 있다면, 앞으로 무기력한 아이들의 스토리를 듣고 싶다는 것이다. 어떤 삶을 살아왔기에 이렇게 무기력한지 잘 듣고 도움을 주고 싶다. 원인에 따라 어떤 친구에겐 응원과 지지를 보내고, 또 어떤 친구에겐 실수가 용납되는 환경을 조성해주는 등 적합한 방법을 찾으려 노력하고 있다. 어른들이 먼저 나서서 청소년들이 마음의 회복 탄력성을 되살리고 성취감을 맛볼 수 있도록 도와야 한다.

지금의 내가 고등학생인 나를 만난다면, 이렇게 말해주고 싶다. "괜찮아. 걱정하지 마. 너는 건강하게 잘 자라서 행복하게 살 거야. 그리고 좀 실수해도 괜찮아. 성적이 떨어져도 괜찮아. 지금까지 잘 버텨 줘서 고마워."

아이가 집을 따뜻한 곳으로 알지 못한다면
이는 부모의 잘못이며
부모로서 부족함이 있다는 증거다.

결국 사랑만큼
따뜻한 건 없더라

소년 나르키소스는 어릴 때부터 어찌나 아름다웠는지 보는 이마다 감탄했다. 그는 자신이 이 세상에서 가장 잘생겼다는 자만심으로 가득 찼고, 이성에게 전혀 관심을 두지 않았다. 세월이 흘러 그가 더욱 아름다운 청년이 됐을 때 수많은 여자가 그에게 사랑을 구했으나 모두 거절당했다. 인간만이 아니라 님프들도 그에게 구애했다가 거절당했다.

어느 날, 상처받은 님프 중 하나가 나르키소스에게 복수하기로 마음먹고 벌을 주기로 했다. 숲속에서 사냥을 즐기던 나르키소스는 물을 마시려고 샘을 찾았다. 그는 샘물에 비친 모습이 자신이라는 걸 잊고 요정이라고 여겼다. 그 요정에게 반한 나르키소스는 키스하려고 다가갔지만 이상하게도 입술을 대기만 하면 요정이 사라져버린다. 그렇게 요정은 나타나고 사라지고를 반복했다. 이렇게 자신만을 사랑하게 된 나르키소스는 그 샘 앞에만 앉아 있다 죽었다. 그가 죽은 자리에서 꽃이 피었는데, 바로 수선화narcissus다.

이는 그리스 로마 신화에 나오는 이야기로 정신 분석에서 자기애를 뜻하는 '나르시시즘narcissism'은 나르키소스의 이름에서 유래한 것이다.

자신 외에 다른 사람을 사랑하지 않는 비극은 단지 신화 속의 이야기만이 아니다. 지금 이 순간에도 유명 정치인이나 기업가, 연예인 등의 자기밖에 모르는 행태가 보도되고 있다. 또한 부모나 배우자, 친구, 직장 동료들과의 관계에서도 그런 모습이 드러난다.

이 경우에 다 그런 것은 아니지만, 어릴 적 성장 환경에서 겪은 결핍이 영향을 미쳤다고 볼 수도 있다. 어린 시절 부모로부터 사랑과 인정을 받지 못한 상처는 어른이 되어서도 삶에 영향을 미친다. 한편으로는 사랑의 결핍이 성공의 동력이 되기도 한다. 주변으로부터 인정과 칭찬을 받기 위해 끊임없이 노력하기 때문이다. 이들은 대단한 성과를 내기 위해 노력하지만, 모든 것을 성과 중심으로 생각한다. 남이 자신을 어떻게 보는지가 중요하기 때문이다.

명문대를 나와 사회적으로 성공한 30대 여성을 만난 적이 있다. 그녀는 공부를 아주 잘하는 모범생이었다. 어릴 때부터 집안의 대소사를 챙겼다. 아버지 대신 가장 역할을 해왔고, 우울증을 앓는 어머니는 그런 딸을 자랑스러워했다. 하지만 그녀는 늘 알 수 없는 분노에 시달렸다. 마음의 고통을 견딜 수 없었다. 주변 사람들 모두 그녀를 부러워했지만, 정작 그녀는 불행했다. 남자 친구는 고사하고, 친한 친구를 만나는 것도 몇 시간이 지나면 불편해졌다.

그녀는 어린 시절 부모로부터 사랑과 인정을 받지 못했다. 아버지는 가정에 관심이 없었고, 늘 밖으로 돌았다. 어머니는 멍한 얼굴로 자주 울었다. 아내를 무시하는 아버지, 우울하고 감정 기복이 심한 어머니에게 자기 생각을 말할 수 없었다. 오히려 늘 부모님의 기분을 살폈다. 아버지에게 인정받으려고, 어머니의 기분을 좋게 하려고 열심히 공부했다. 성적이 떨어질까 봐 노심초사했다. 속으로는 부모가 원망스러웠지만, 그럴수록 부모의 비위를 맞추기 위해 노력했다. 그녀는 어른이 되어서도 다른 사람들에게 잘해주면서 억울함에 시달렸다. 사람들을 만나는 것이 그녀에게는 정말 피곤한 일이었다.

사랑의 결핍 탓에 부정적인 자아상을 갖게 되면, 자신을 힘없고 보잘것없는 존재라 여긴다. 사랑받지 못하는 것이 당연하다고 여긴다. 누군가가 자신을 칭찬하거나 축하하면 어색해하며, 주목받고 존중받는 것을 거부한다.

내가 그랬다. 마음공부를 하면서 O 코치를 만났는데, 당시 나는 아무런 칭찬도 받아들이지 못했다. 누군가가 나를 칭찬하면 마음이 불편해져 그 자리를 피하고 싶었다. 남들이 나를 쳐다보고 있으면 머릿속이 하얘졌다. 나도 모르게 횡설수설하게 되고 목소리까지 가늘게 떨렸다. O 코치는 온갖 생각으로 머릿속이 복잡한 나를 향해 부드럽게 미소 지었다. 그런 코치를 보자 나도 모르게 마음이 편해졌다.

O 코치는 나보다 나이가 훨씬 많았는데, 3년간 마음공부를 같이 하면서 서로 친구가 됐다. 가정환경은 달랐지만, 어린 시절 사랑을 경험하지 못했기 때문인지 생각하고 느끼는 것이 정말 비슷했다. 다른 사람의 눈치를 보며 해야 할 말을 못 하는 것, 주목받는 자리에 서는 것이 부담스러운 것, 칭찬받을 때 어색한 것 등 서로의 삶을 나누었다.

O 코치를 처음 만날 당시 그녀는 이혼을 앞두고 있었다. 이혼하고 싶었지만, 용기를 내지 못하는 상황이었다. 하지만 마

음의 힘이 자라면서 자신이 정말 원하는 것을 해나가는 모습을 옆에서 지켜봤다. 때로는 자책하고 넘어지기도 했다. 하지만 툭툭 털고 다시 일어났다. 지금은 이혼하고 경제적으로 자립해서 당당하게 자기 삶을 살아가고 있다.

지금 O 코치의 부모님은 그녀를 사랑하신다. 자식을 사랑하지 않는 부모가 어디 있겠는가! 하지만 O 코치는 아쉬움이 남는다고 말한다.

"내가 어릴 때 우리 어머니가 나를 따뜻하게 안아주고 인정해줬다면, 내가 나를 좀더 소중히 여기면서 행복한 삶을 살았을 텐데……."

인간에겐 먹거나 자는 것과 같은 기본적인 욕구가 있다. 사랑받고 싶어 하는 것 역시 가장 본능적인 욕구다. 부모가 완벽하지 않아도 괜찮다. 자녀는 자신이 사랑받고 환영받는 존재라고 느껴야 행복할 수 있다.

부모의 죽음이나 이혼, 질병 등으로 떨어져 지낼 수밖에 없는 아이도 있다. 함께 살면서도 자기 삶이 힘겨워 자녀에게 사랑을 줄 수 없는 부모도 있다. 또는 너무 사랑해서 잔소리가 심하고, 아이의 행동을 지나치게 통제하는 부모도 있다. 모든 부모는 아이를 사랑하지만 아이를 자신의 이기적인 욕구를 만족시키기 위한 수단으로 여기는 부모도 있다. 그러나 진정한 사랑은 책임감을 동반한다. 강점이든 약점이든, 아이를 있는 그대로 받아들이는 것이다. 만일 아이의 강점만을 좋아한다면 그것은 진정한 사랑이 아니다.

사랑받지 못한 경험이 아이의 마음을 얼어붙게 한다. 자신을 보호하기 위해 마음의 문을 닫고 고치 속으로 숨게 한다. 지금이라도 따뜻한 마음을 나누어야 한다. 아이에게 한마디 말을 하더라도 사랑을 담아서 해보자. 마음에 사랑이 가득 차면 눈빛이 달라진다. 따뜻한 사랑은 얼어붙은 마음을 녹인다. 마음의 문을 열게 하고 상대방을 포용하게 한다. 아이를 보살피는 것은 우리에게 주어진 책임이며, 부모는 아이가 꽃을 피우도록 도와주는 정원사다.

Chapter 2

아이의
잠재력을 키우는
눈놀이 마음 연습

지친 아이에게 필요한 건
'공감'이다

교실의 아이들 중에 늘 몇 명은 엎드려 있다. 보통은 수업을 듣다가 졸음이 와서 엎드리지만, 언제부터 잠들었는지 알 수 없을 정도로 깊은 잠에 빠진 친구들도 있다. 수업 시간마다 잠을 자는 아이는 따로 불러 대화를 한다.

"수업 시간에 잠을 많이 자던데, 요즘 많이 피곤하니?"

"네, 좀 피곤해요."

"피곤한 이유가 궁금한데, 이야기해줄 수 있어?"

"그냥, 특별한 이유는 없어요. 학교도 오기 싫고 그래요."

특별한 이유는 없지만 삶에 대한 의욕이 없고, 공부뿐만 아니라 다른 활동에도 의욕이 없다는 학생들이 점점 늘어가고 있다. 수업 시간에 자거나 엎드려 있고, 자주 아프고, 힘들다거나 하기 싫다는 말을 자주 한다. 그 말을 들으면 교사들도 힘이 빠진다.

부모님들과 상담을 할 때도 비슷한 이야기가 나온다. 왜 그러는지 이해가 되지 않아 답답하다고들 하신다. 열심히 공부하고, 미래를 준비해야 할 나이인데 무기력에 빠진 모습에 속이 타들어 간다.

이 친구들이 처음부터 이랬을까? 대부분은 아니라고 본다. 하기 싫은 일을 강요받는 현실에 분노하다가 지쳐서, 상처받기 싫어서 무기력을 선택했을 것이다.

고등학생들을 만나보면, 그동안 누적된 상처가 참 많다는 걸 알 수 있다. 코앞에 다가온 입시 스트레스 때문에 더욱 방황하게 되고, 자신을 방치하는 아이도 있다. '어떻게든 되겠지'라는 막연한 생각으로 방향을 잃고 떠내려가는 배처럼 일상을 살아간다. 수업 시간에 엎드려 있거나, 그게 아니면 친구들과 잡담을 하는 Y와 대화를 했다.

"요즘 잘 지내니?"

"네, 무슨 일이세요?"

"수업 시간에 집중을 못 하는 것 같아서……."

"아, 저 원래 그래요."

"그래? 다른 수업 시간에도 그래?"

"안 그런 시간도 있긴 한데, 대부분 좀 그래요."

"그렇구나, 학교에 있는 동안 마음이 좀 힘들겠는데?"

"(웃으며) 네, 좀 그렇죠."

"언제부터 그랬어?"

"중학교 때부터요."

"지난 몇 년 동안 학교생활이 힘들었겠네."

"(고개를 숙이며) ……네."

"초등학교 때는 어땠어?"

"그때는 정말 공부 많이 했어요."

"우와, 그랬어? 지금 모습을 보면 상상이 안 가는데?"

"저 진짜 죽을 뻔했어요."

"얼마나 많이 했어?"

"새벽 2시까지 공부했어요."

"대단한데? 몇 시간을 공부한 거야?"

"학원 마치고 집에 오면 저녁 7신데, 그때 밥 먹고 바로 공부 시작해서 새벽 2시까지 했어요."

"몇 년 동안 그렇게 했어?"

"4학년 때부터 6학년 때까지요."

"그렇게까지 공부한 이유가 뭐야?"

"엄마가 무서웠어요. 잠들면 막 때리고, 공부 안 하면 혼내니까 무서워서 했어요."

Y는 초등학교 고학년이 되면서 많은 시간 공부를 해야 했다. 3년 동안 새벽 2시까지 책상 앞에 앉아 있었다니 얼마나 힘들었겠는가. 더군다나 공부의 동기가 '무서운 엄마'였다니 안쓰럽기 그지없다.

그러다 보니 중학생이 되면서 공부는 놔버리고, 지금까지 이어져 왔다. 지금은 1시간 동안 책상에 앉아 있기도 힘들다. 공부를 하려고 책상에 앉으면 화가 난다. 그런 Y에게 50분간의 수업은 고문이다.

Y는 나와 대화를 한 후 집에 가서 엄마에게 말씀을 드렸다고 한다.

"엄마, 저 초등학생 때 새벽 2시까지 공부했잖아요. 그때 너무 힘들었어요. 그냥 마음껏 놀고 싶었어요."

용기를 내어 자기 마음을 전한 Y에게 박수를 보낸다. 어머님이 바로 공감한 것은 아니었지만, 적어도 Y가 자기 마음을 솔직하게 표현한 것이 해결의 실마리는 될 것이다.

얼마나 놀고 싶었을까. 그래서인지 Y는 매일 복도와 운동장을 뛰어다니며 친구들과 놀고 있다. 어찌 보면 학교에 정상적으로 등교하고, 수업 시간에 교실에 앉아 있는 것만으로도 기특하다. 마음속에 분노, 절망, 답답함을 누른 채 지금까지 버텨온 것이다.

Y의 어머니가 그렇게까지 공부를 시킨 이유가 뭘까? 그렇다. 자녀를 사랑하기 때문이다. 새벽 2시까지 몸을 비틀어가며 힘들어하는 아들을 책상에 앉히고 공부시키는 것 또한 얼마나 힘든 일이었겠는가. 그 사랑의 마음은 충분히 인정해주어야 한다. 하지만 사랑을 표현하는 데에서는 아쉬움이 많다.

Y의 어머니는 지시형 부모다. 지시형 부모는 자녀와 소통하기 어렵다. 따라서 자녀의 성장을 돕기 어렵다. 자녀가 원하는 것 또는 필요한 것이 아니라, 부모 자신이 하고 싶었던 것 또는 중요하다고 생각하는 것을 강요하기 때문이다. 피아노를 배우지 못해 한이 됐던 엄마는 딸의 의지와 상관없이 어릴 때부터 피아노 학원에 보낸다. 학원 가기 싫어하는 딸에게 이렇게 말한다.

"감사한 줄 알아! 엄마는 어릴 때 배우고 싶어도 못 배웠어. 피아노가 얼마나 중요한지 알아?"

울먹이며 학원에 다니는 딸은 사춘기가 되면, 피아노를 그만둔다. 어쩌면 평생 피아노 앞에 앉지 않을 것이다.

사랑하는 자녀의 성장을 돕기 위해서는 코치형 부모, 즉 공감형 부모가 되어 공감의 말을 해야 한다. 자녀가 원하는 대로 내버려 두라는 얘기가 아니다. 평소 자녀의 말을 경청하고 공감하며 인정해주어야 한다. 좋은 질문과 피드백으로 자녀가 좋은 선택을 하고 그 선택에 책임을 질 수 있도록 도와야 한다. 먹이고, 입히고, 학원 보내는 것만이 부모의 역할이 아니다.

자녀 스스로 자신이 소중한 존재라는 사실을 부모라는 거울을 통해 느껴야 한다. 자신이 소중한 만큼 다른 사람들도 소중한 존재라는 사실을 알도록 삶에서 보여주어야 한다. 공감형 부모는 자녀의 마음 상태를 잘 알고 있다. 평소에도 잘 소통하기 때문이다. 또한 부부가 서로 존중하고 사랑하는 모습을 보여주면 좋다. 이것만으로도 아이는 충분히 안정감을 느끼며 자랄 수 있다.

무작정 아이를 혼내고 있었다면, 이제는 공감형 부모가 되어 아이의 '마음의 힘'을 키워주어야 한다. 그 힘을 키우기 위해서는 훈련이 필요하다. 어떤 상황에서도 긍정적인 면을 발견하는 것과 감사한 점을 찾는 훈련이다. 처음에는 힘들겠지만, 습관이 되면 쉬워진다. 아이에게 자신 안에 힘이 있다는 것부터 알려주어야 한다.

강한 바람이 불 때 버티는 나무는 부러진다. 하지만 바람에 맞춰 휘어졌다가 다시 돌아오는 나무는 더욱 깊이 뿌리를 내린다. 이것이 내면의 힘이고 회복 탄력성이다. 살다 보면 힘들고 슬픈 일을 수시로 만나게 된다. 그럴 때 낙담하고 주저앉는 것이 아니라, 그 안에서도 배울 점과 긍정적인 면을 찾아야 한다. 그것이 인생의 자양분이 된다.

여기 두 인물의 이야기를 살펴보자.

『성냥팔이 소녀』, 『미운 오리 새끼』 등의 명작 동화를 남긴 안데르센은 굉장히 가난했고 놀림을 많이 당했으며 아동학대 피해자이기도 했다. 성공한 후 그는 인터뷰에서 이렇게 말했다.

"가난했기 때문에 『성냥팔이 소녀』를 쓸 수 있었고, 못생겼기 때문에 『미운 오리 새끼』를 쓸 수 있었다."

육상선수이자 배우인 에이미 멀린스Aimee Mullins는 선천적 기형으로 태어나 원래부터 종아리뼈가 없었다. 의족을 몸에 적응시키기 위해 한 살에 두 다리를 절단하는 수술을 받아 무릎 아래 다리가 없다. 하지만 '세상에서 가장 아름다운 여성 50인'에 선정됐고, 장애인에게 꿈과 희망을 전하고 있다.

그녀는 대학생이던 1996년, 의족을 끼고 올림픽에 참가해 세계 신기록을 세웠다. 100미터를 16초 안에 완주했다.

2017년 3월 「TED」 강연에서 그녀는 본인에게 장애가 있다고 생각하지 않는다며 절단된 다리는 오히려 불가능을 가능케 하는 힘을 주었다고 강조했다. 장애가 있음에도 성공한 게 아니라 장애 덕분에 슈퍼스타가 되었다고 말이다.

앞의 사례가 주는 교훈은 무엇인가. 바로 고난에 굴복하지 않고 딛고 일어섰다는 것이다. 안데르센이나 에이미 멀린스가 자신의 단점이나 장애를 그냥 인정하고 넘어갔다면, 평범한 한 사람으로 남았다면, 이들의 이야기는 지금의 우리가 전해 들을 수 없었을 것이다.

중요한 것은 타고난 능력이 아니라 포기하지 않는 힘이고 끈기다. 그러므로 지금 아이에게 부족한 면이 보인다면 그것을 있는 그대로 인정하되 이를 강점으로 발전시킬 수 있도록 돕는 조력자형 부모가 되면 된다.

공감형 부모는 자녀를 살린다. 자신을 긍정적으로 봐주는 부모를 통해 존재 자체만으로도 소중하다는 것을 배운 자녀는 자존감이 높다. 자신을 소중히 여기기 때문에 자신에게 옳은 선택을 할 줄 안다. 실패하더라도 다시 일어선다. 자신을 인정하고 칭찬하며 격려하는 부모가 있기 때문이다.

아이가 가장
듣고 싶어 하는 말 5가지

JTBC 드라마 「SKY캐슬」은 1퍼센트대 시청률에서 출발해 약 24퍼센트의 높은 시청률로 막을 내렸다. 방송 내내 각종 성대모사와 패러디를 만들어내며 화제의 중심에 있었다. 대한민국 상위 0.1퍼센트에 속하는 성공한 전문직 종사자들이 자신의 부와 명예, 권력을 자녀에게 대물림하기 위해 입시에 올인하는 이야기다.

상상을 초월하는 고액을 받는 입시 코디네이터의 등장은 특히 충격적이었다. 드라마에는 아이의 행복이 우선인 엄마와 자녀의 서울의대 입학에 목을 매는 엄마가 등장한다. 사실 많은 부모가 수단과 방법을 가리지 않고 자녀를 몰아붙이는 주인공에게 공감했을 것이다. 드라마에서처럼 많은 돈을 쓰지는 않더라도 어떻게든 공부를 시키고 싶은 마음은 있을 것이다. 그것이 자식을 위하는 일이라 여기기 때문이다. 아이의 행복이 우선인 엄마로 살아가는 것이 현실에서는 쉽지 않다. 이 드라마를 보면서 부모의 욕망 때문에 아이들이 희생되어서는 안 된다는 생각을 다시 한번 하게 됐다.

부모에게 자녀는 어떤 존재일까? 너무나 소중해 조금이라도 흠을 내고 싶지 않은, 온 힘을 다해 사랑하고 지켜주고 싶은 존재일 것이다. 하지만 자신은 아이를 위해 최선을 다했는데, 정작 아이에게 숨이 막힌다는 얘길 들을 때 부모들은 좌절하고 분노하게 된다.

서울의 상위권 대학을 나와 증권회사에 다니는 선배가 있다. 어느 날 연락이 왔는데, 다니던 회사를 그만두고 사법고시를 준비한다고 했다. 의아했다. 적성에 잘 맞는다고 했는데 갑자기 그만둔 이유가 뭔지 궁금했다. 선배의 아버지 꿈이 판사였다고 한다. 더 나이 들기 전에 아들이 자신을 대신해 출세하기를 바랐다. 선배는 부모의 꿈을 대신 이뤄주기 위해 고시원으로 들어갔다. 하지만 공부하는 것이 만만치 않았고, 3년 후에는 이전에 다니던 회사보다 작은 회사에 취직했다는 소식을 들었다.

요즘 아이들은 유치원에 다니기 전부터 부모가 선택한 교육을 받고 자란다. 자아 정체성을 스스로 찾아가야 하는 중요한 시기인 청소년기에도 학원과 독서실만 오간다. "일단 공부를 잘해야 나중에 하고 싶은 것을 선택할 수 있어"라는 부모 말에 설득당하면서 말이다.

그런데 막상 대학에 입학한 후 무엇을 해야 할지 몰라 방황하는 청년들이 많다. 부모님의 목표와 기대에 맞춰 힘들게 취업을 하고 나서 삶의 회의를 느끼는 직장인들도 있다. 그뿐 아니다. 나이가 더 들어서 '난 누군가?', '나는 어떤 삶을 살고 싶은가?', '나는 무엇을 향해 가고 있나?' 등의 생각을 하며 방황하는 어른들도 있다.

자녀는 부모의 소유물이 아니다. 자녀는 부모의 인생을 대신 살아주는 존재가 아니다. 공부할 형편이 안 됐던 부모는 어떻게든 공부를 많이 시키려고 한다. 그림을 못 배워 한이 된 부모는 어떻게든 그림 그리는 법을 가르치려고 한다. 못 먹어서 한이 된 부모는 어떻게든 많이 먹이려고 한다. 하지만 자녀가 가장 좋아하는 것이 무엇인지는 모른다.

부모는 어린 시절 자신의 욕구를 투사하지 않고 자녀를 바라볼 수 있어야 한다. 아이들에겐 자신만의 세계가 있다. 자신만의 세계에서 꿈을 키워가기 시작한다. 사람은 저마다 다른 꿈을 가질 수 있다. 아이는 부모와는 다른 독립적인 한 인간이다. 존재 자체로 존중받을 때 자신의 본래 모습대로 살아갈 힘을 얻는다. 부모의 바람은 부모의 삶에서 끝나야 한다. 부모의 고통 때문에 자녀의 세계를 망쳐서는 안 된다.

부모 스스로 자신이 진정으로 원했던 것이 무엇인지, 어린 시절 충족되지 못한 욕구가 무엇인지 찾아보는 것이 중요하다. 그리고 지금이라도 그 꿈을 위해 노력하면 된다. 자녀가 아니라 부모 자신이 하면 된다. 이미 늦었다면 그 꿈은 흘려보내고 새로운 꿈을 가져도 된다. 지금 해야 할 것과 내려놓을 것을 구분하는 지혜가 필요하다. 부모의 욕구인지 아이의 욕구인지 분별하는 힘이 필요하다.

청소년 NGO 단체인 청소년폭력예방재단에서 2015년에 설문조사를 했다. 청소년이 부모에게 가장 듣고 싶어 하는 말이 무엇인지를 물은 것이었는데, 다음과 같은 결과가 나왔다.

1위는 '사랑한다'이다. 우리는 사랑할 때 상대방의 모든 것을 받아들인다. 자녀도 있는 모습 그대로 사랑받기를 원하는 것이 아닐까? 부모가 원하는 모습으로 변화시키려고 애쓰지 말고, 있는 모습 그대로를 사랑한다고 말해보자.

2위는 '괜찮다, 수고했다, 힘들지?'이다. 그냥 기다려주고 괜찮다고 말해보자. 시험 성적만 궁금해하지 말고, 수고했다는 말부터 하자. 결과와 과정을 함께 보는 부모가 되자.

3위는 '고맙다'이다. 자녀가 어릴 때는 '태어나줘서 고맙다, 잘 자라줘서 고맙다' 등의 표현을 많이 한다. 그런데 자랄수록 고마워하기보다는 더 잘하라고 채찍질한다. 자녀의 존재만으로도 고마운 일이 아닌가. 자녀가 있었기에 부모가 성장할 수 있었다. 자녀에게 고마운 점들을 찾아서 말해보자.

4위는 '미안해'이다. 자녀를 독립된 인격체로 생각한다면, 부모라도 자기가 잘못했을 때는 미안하다고 바로 사과해야 한다. '말 안 해도 알겠지'라는 생각은 버려야 한다. 자녀의 생각을 물어보고, 자녀의 말을 들으려고 노력해야 한다. 자녀의 모든 행동을 존중하자.

5위는 '보고 싶다'이다. 어려서부터 소통을 잘해야 사춘기가 되어도 감정표현을 할 수 있다. 부모가 먼저 표현해보자. 말로 표현하는 것이 어렵다면, 손을 잡아주거나 안아주어도 된다. 표정 또는 눈빛으로 사랑을 표현할 수도 있다. 문자를 보내도 괜찮다.

아이들이 부모에게 듣고 싶어 하는 말은 한마디로, '나를 있는 그대로 사랑하고 존중해주세요!'라고 할 수 있다. 사람에겐 자신이 태어난 대로 살고 싶어 하는 본성이 있다. 자기만의 색깔이 있다. 좋고 나쁨의 차원이 아니다. 저마다 다른 색깔을 가졌을 뿐이다. 상대방이 나와 다른 존재라는 사실을 인식하는 것만으로도 마음이 편해질 수 있다.

아이도 인격체다. 자신만의 생각, 가치관이 있다. 어떤 생각을 하며, 어떤 가치관을 가지고 살아가는지 부모가 호기심을 가져야 한다. 마치 다 아는 것처럼 섣부르게 판단하고 명령하는 순간 관계는 단절될 것이다. 무無의 상태에서 하나씩 들어보자. 10대 때는 자신의 마음을 잘 모른다. 홀로 조용히 생각하면서, 다른 사람들과 소통하면서 스스로 어떤 사람인지 알아가는 중이다. 그러니 존중하는 마음으로 천천히 소통하는 것이 가장 빠른 길임을 믿어라.

발표를 앞두고 긴장한 아이에게
부모가 해야 하는 말

한 남자가 있었다. 그의 어머니는 농아였고, 아내도 농아였다. 농아에게 발성법을 가르치는 선생님이었던 아버지의 영향을 받아 음향학을 공부하고 농아들에게 말하는 법과 상대가 말할 때 입술을 읽는 법을 가르쳤다. 그리고 보스턴대학교의 음성생리학 교수가 되어 소리에 관한 연구를 계속했다.

어느 날 그는 장애로 보지도, 듣지도, 말하지도 못하지만 매우 총명한 어린 소녀를 만났다. 그는 소녀에게 가정교사를 소개해주었고 그 후에도 후견인처럼 돌봐주었다. 삶을 포기하지 말라며 끊임없이 지지해주었으며, 항상 그녀의 편에 서서 용기를 북돋아 주었다.

전화기를 발명한 알렉산더 벨Alexander Bell과 장애를 극복한 헬렌 켈러Helen Keller의 이야기다. 훗날 헬렌 켈러는 이렇게 말했다.

"벨 선생님은 나를 남들과 똑같은 인간으로 여겨주셨어. 가엾고 불쌍한 존재로 생각하지 않았어."

말 그대로 벨은 헬렌을 불쌍한 장애인으로 바라보지 않았다. 다른 사람과 마찬가지로 가능성이 있는 사람으로 존중했다. 보지 못하고, 듣지 못하고, 말하지 못하는 약점이 있더라도 그녀가 많은 사람에게 용기와 희망을 전하는 삶을 살도록 해준 것이다.

헬렌 켈러의 이야기가 주는 메시지는 무엇일까? 바로 약점을 약점으로만 보지 않고 약점에 굴복하지 않으면, 사람은 훨씬 더 대단한 존재로 성장할 수 있다는 것이다. 평소 우리는 무의식적으로 자신의 약점에 초점을 맞추곤 한다. 그 순간, 약점이 크게 느껴지면서 자신감이 사라진다.

한번은 동네 놀이터에서 10대 자녀를 둔 어머니와 대화하게 됐다.

"고등학생인데 공부는 안 하고, 산만하게 왔다 갔다만 하고……. 걱정이에요."

"걱정이 많으시겠네요. 아이가 잘하는 건 뭐예요?"

"뭐……, 딱히 없어요."

"그래도 좋아하는 거나 잘하는 게 있을 테니, 한번 생각해보시겠어요?"

"(한참 생각한 후에) 아! 정이 많아요. 사람을 좋아해서. 집안일도 도와주고요."

"남자아이들이 그러기 쉽지 않은데 좋은 아드님 두셨네요. 또 어떤 게 있을까요?"

"운동을 좋아해서 체력이 강해요. 좋아하는 일은 시키지 않아도 열심히 하고요."

"좋은 점이 참 많네요. 아이들이 다들 공부하기 싫어하고 힘들어해요. 노력하는 모습이 보이거나 잘하는 행동이 보일 때마다 바로 격려해주세요."

"한번 노력은 해볼게요."

시간이 지난 후에, 우연히 만날 기회가 있었다. 잘 지내시는지 안부를 물어봤다.

"아이가 도서관에 다니고 싶다고 해서 끊어줬어요. 얼마나 갈지는 모르지만, 지켜봐야죠."

잘할지 걱정이라고 하셨지만, 아이의 긍정적인 면을 알게 된 뒤로는 지난번보다 에너지가 올라간 모습이었다.

얼마 전, 한 학생이 찾아왔다. 평소에는 차분하게 자기 생각을 잘 말할 수 있는데, 수행평가로 발표를 할 때마다 손발이 떨리고 아무 생각도 나지 않는다는 것이었다. 준비를 철저히 해도 그렇고, 준비가 덜 됐을 때는 아예 몸이 움직이지도 않는다고 했다.

발표하기 전부터 심장이 빠르게 뛰기 시작한다. 손에서 땀이 난다. '곧 내 차례네. 망치면 어떡하지? 나는 긴장하면 말을 잘 못 하는데……'라는 생각이 들면서 다리에 힘이 빠진다. 그다음부터는 머릿속이 하얘진다. 어떻게 나갔는지, 무슨 말을 했는지 기억조차 나지 않는다. 이것이 반복되는 패턴이었다. 성실하게 준비했음에도 매번 긴장감과 두려움에 휩싸여 발표를 못 하니 얼마나 답답하겠는가.

그 학생은 초등학생 때 친구들 앞에서 발표하다 망신을 당한 일이 있었다. 그 후 잘하고 싶은 마음, 실수하면 안 된다는 강박감에 더욱 긴장하게 됐다. 많은 친구 앞에서 발표하는 상황에 놓일 때마다 긴장과 두려움에 떨었다. 그것이 어느 순간 약점이 되어버린 것이다. 하지만 달리 생각하면, 발표할 때 긴장한 것은 오히려 잘하고 싶은 마음에서 비롯된 것임을 알 수 있다. 이런 마음을 파악하고 독려해주면 아이의 약점은 더 이상 약점이 아니다.

10대 아이는 자신의 약점에 짓눌려 잠재력을 발휘하지 못하는 경우가 많다. 충분히 잘할 수 있음에도 '나는 못 해' 하는 생각에 함몰되어버린다. 이럴 때 부모는 어떻게 도울 수 있을까?

우선 자녀의 강점과 약점이 무엇인지 제대로 알아야 한다. 대부분의 10대 자녀는 부모에게 자신의 어려움을 먼저 이야기하지 않는다. 그러므로 평소에 주의 깊게 관찰해야 한다.

자녀가 어떤 일을 할 때 거침이 없다면 자신감이 있는 거다. 주춤하거나 핑계를 대며 회피하거나 표정이 좋지 않다면 자신감이 부족한 거다. 자신의 약점이라고 인식하는 것과 관계되는 일에서는 좋은 성과를 내기 어렵다. 부모는 자녀가 가진 약점에 대한 부정적인 관점을 바꾸도록 도와야 한다. 그러려면 부모가 먼저 약점에 대한 관점을 바꾸어야 한다.

약점은 동전의 양면과 같아서 성장의 원동력이 되기도 한다. 약점을 극복하기 위해 노력하는 동안 더 발전할 수 있기 때문이다. 소화 기능이 약해 소식을 하고 건강식을 먹은 사람이 120세까지 장수하기도 한다. 나 또한 사람들과의 관계와 소통이 너무 어려워 대화법과 심리를 공부했다. 그 과정에서 성장했고 다른 사람들의 성장을 돕는 코치가 됐다.

실패하고 좌절했던 경험을 자녀와 이야기해보자. 그것을 통해 자녀가 배우고 성장한 점이 무엇인지 찾아보자. 아이들은 실패를 통해 배우고 성장한다. 실수나 실패를 했을 때 부모의 피드백은 굉장히 중요하다. 못마땅한 표정과 눈빛으로 핀잔을 주거나 야단을 치면, 자녀는 무의식적으로 '실수는 절대 하면 안 된다'는 생각을 하게 된다. 실수하지 않으려고 안간힘을 쓰는 순간, 긴장하고 불안감을 느끼게 된다.

자녀에게서 약점이 보일 때 '배움의 기회', '성장의 기회'라고 생각해보자. 그리고 잘하고 싶어 하는 자녀의 마음을 알아주자. 발표할 때 떨리고 두려운 이유는 잘하고 싶은 열망, 다른 사람들에게 인정받고 싶은 마음이 있기 때문이다. 그 마음이 자녀의 성장을 돕는다. 그런 자녀의 마음을 알아주어야 한다. '정말 잘 해내고 싶구나, 사람들에게 인정받고 싶구나'라며 토닥여주어야 한다.

약점에 대한 부정적인 인식을 바꾸었다면, 자녀가 자신의 강점을 많이 발견하도록 도와야 한다. 사람은 긍정적인 것보다 부정적인 것에 더 잘 집중한다. 생존과 관련된 본능이기 때문이다. 자녀를 그대로 내버려 두면 자연스럽게 부정적인 것, 약점에 집중하게 된다. 자신이 가지고 있는 보물 같은 강점들을 발휘할 기회를 놓쳐버린다.

지금까지 살아오면서 자녀가 힘든 상황을 잘 이겨내고 극복

해낸 경험을 떠올려보자. 아주 소소한 것들도 다 적어보면, 생각보다 많은 경험이 있을 것이다. 자녀의 강점을 찾다 보면, '기특하기도 하지'라는 생각에 흐뭇할 것이다. 그 생각의 에너지는 자녀에게 고스란히 전달된다.

"○○이가 초등학교 2학년 때는 반 친구들이랑 많이 싸워서 선생님한테 혼나고 그랬는데, 3학년 때부터는 친구들이랑 잘 지냈잖아. 그때 엄마는 ○○이가 정말 대견했어."

"○○아, 너 처음 수영 배우던 때 기억나? 물에 안 들어간다고 울고 떼썼는데, 지금은 접영도 할 수 있지? 정말 기특해."

"전학 왔을 때 처음 며칠 동안은 예전 동네로 돌아가고 싶어 했잖아. 그런데 한 달 정도 지나니까 잘 적응하고 있는 것 같아서 고맙다. 친구들도 사귀고 즐겁게 학교 다니니까 엄마가 한시름 놓았어."

잘 생각나지 않는다면, 자녀에게 질문을 해서, 함께 답을 찾아봐도 좋다.

"우리 ○○이가 힘들었던 상황을 잘 버티고 이겨낸 경험, 뭐가 있을까?"

자녀와 여러 성공 사례를 이야기하면서 이렇게 질문해보자.

"그렇게 할 수 있었던 비결이 뭐야?"

"그렇게 할 수 있는 ○○이는 어떤 사람이야?"

대화를 통해 아이는 힘든 상황을 극복할 수 있었던 자신의 끈기, 성실, 인내 등 내면의 힘을 발견할 것이다. 부모가 자녀와 이런 대화를 하면, 자녀는 긍정적인 자아상을 가지게 되고 자신의 강점들도 새로이 발견하게 된다.

지금 자녀의 약점에 초점이 맞춰져 있다면, 약점만 보게 될 것이다. 부모는 자녀의 강점에 초점을 맞춰야 한다. 강점에 초점을 맞추면 약점이 사라진다. 자녀가 이미 잘하고 있는 부분을 말과 행동으로 인정해주고 지지해주어야 한다.

자녀가 얼마나 대단한 존재인지 표현해보자. 아주 작은 것부터 성취감을 맛볼 수 있도록 도와주자. 그렇게 할 때 아이는 자신이 얼마나 가치 있고 소중한 존재인지 깨닫게 된다. 자기 안에 있는 강점들을 발견하고, 발휘하기 시작한다. 그러면 약점조차 자녀를 성장시키는 원동력이 된다.

평소 말을 심하게 더듬는 아이가 있었다. 얼핏 보기에 단점으로 여겨지는 그 성향을 고쳐준 것은 바로 그의 어머니였다. 그녀는 아이가 말을 더듬을 때면 "네 머리가 좋아서 그런 것"이라며 "혀가 똑똑한 머리를 따라가지 못할 뿐인 거야" 하고 격려해주었다. 그러자 아이는 말을 더듬는 걸 전혀 부끄러워하지 않게 되었을 뿐 아니라 자신감도 가지게 되었다.

어머니의 따뜻한 격려와 지지, 존중의 힘을 보여주는 이 사례는 미국 GE사의 전 회장 잭 웰치의 이야기다. 만약 어머니가 말을 더듬는 모습을 꾸짖었다면, 아이는 자신의 결점만 확대하여 보고 위축되어 상황이 전혀 나아지지 않았을 것이다.

이 이야기는 자녀 문제로 흔들리는 부모에게 절대적인 확신을 준다. 아이는 부모의 강요와 잔소리로 자라는 게 아니다. 아이의 잠재력은 부모가 아이의 생각·행동·감정을 그대로 인정하고 존중할 때 발현된다.

부모도 아이도
자신을 알아야 한다

'나를 알고 상대를 알면 백번 싸워서 백번 이긴다'라는 의미로 흔히 '지피지기면 백전백승'이라고 한다. 이 말은 중국 전국시대의 병법서 『손자』에 나오는 '지피지기백전불태知彼知己百戰不殆'가 변형된 것이다. 즉, '상대를 알고 나를 알면 백 번 싸워도 위태롭지 않다'라는 뜻이다. 한마디로, 상대편과 나의 약점과 강점을 충분히 알고 승산이 있을 때 싸움에 임하면 이길 수 있다는 말이다.

싸움에서만이 아니라, 살아가면서 자신이 누구인지 아는 것은 매우 중요하다. 자신의 신체, 감정, 태도, 행동, 생각, 능력, 선택, 욕구, 한계까지 명확하게 파악해야 한다. 자신이 현재 어디에 있고 어디를 향해 가는지 알아야 한다. 자신의 정체성을 자신의 목소리로 말할 수 있어야 한다.

고등학교 2, 3학년인데도 진로를 막막해하는 친구들이 많다.

"제가 뭘 좋아하는지 잘 모르겠어요."

"선생님은 제가 어떤 사람이라고 생각하세요?"

이런 이야기를 들으면 가슴이 답답하다. 하지만 사실 나도 학창 시절에는 이들과 마찬가지였다. 내가 어떤 사람인지, 뭘 좋아하는지, 어떻게 살고 싶은지 말할 수 없었다. 한 번도 진지하게 생각해본 적이 없었다. 내가 주도적으로 선택하고 책임져본 경험이 없었다. 아니 오히려, 책임지지 않기 위해 선택을 회피했고 환경을 탓했다. 부모나 교사를 탓하며 주도적으로 선택하지 않았다. 이런저런 핑계를 대며 가만히 있었다. 그랬기에 몸은 편했지만 성장할 기회를 놓쳤다. 무엇보다 나 자신이 어떤 사람인지 도무지 알 수 없었다.

어른이 되고 나서 문득, 나를 알지 못한다는 사실을 발견했다. 책을 읽으면서 내 마음을 관찰했고, 다른 사람들과 대화하면서 생각을 정리했다. 내 감정을 살펴보면서 좋아하고 싫어하는 것들을 하나씩 발견했다. 나만의 버킷리스트를 작성해가며 새로운 일에 도전하기 시작했다.

EBS에서 방영한 다큐멘터리 「학교란 무엇인가」에서 상위 0.1퍼센트 학생과 평범한 학생은 무엇이 다른지 알아보기 위해 실험을 했다. 학생들에게 여러 개의 영어 단어를 보여준 후 기억하는 단어를 적게 하면서, 그 전에 기억한 단어의 개수를 말하게 했다. 보통의 학생은 자신이 외웠다고 한 단어 개수와 실제로 외운 개수의 차이가 컸고, 상위 0.1퍼센트의 학생은 오차가 거의 없었다. 이들은 메타인지가 높은 것으로 볼 수 있다.

메타인지는 자신의 생각을 관리하는 능력이다. 즉, 인지 과정을 생각하여 자신이 아는 것과 모르는 것을 자각하는 것이다. 메타인지가 높은 아이는 자신의 장단점을 정확하게 알고 있기 때문에 장점을 살리고 단점을 줄일 방법을 스스로 고안해낼 수 있다.

그러니 자녀의 메타인지가 높아질수록 삶의 만족도가 올라갈 것이다. 혹 아이가 스스로 공부하는 것을 어려워하거나 대인관계를 힘들어한다면, 메타인지를 높여야 한다. 그러려면 부모와 교사는 어떻게 해야 할까?

먼저 아이가 할 수 있는 것과 없는 것을 명확히 구분하도록 도와주자. 무리한 계획을 세우려고 할 때 "잘하고 싶은 마음이 크구나. 이걸 다 하려면 시간이 얼마나 걸릴까?", "어떻게 해야 계획대로 실천할 수 있을까?" 등의 질문을 함으로써 다시 점검할 수 있도록 도와야 한다. 끈기 있게 꾸준히 할 수 있는 계획을 세우고 실천하는 것이 무엇보다 중요하기 때문이다.

담임을 맡으면 학생들의 생활 패턴이 눈에 들어온다. 학기 초에는 누구나 잘해보리라 다짐하며 열심히 계획을 세우지만, 하루 이틀 지날수록 얼굴에서 생기가 사라진다. 학생들과 대화를 하면서 그 원인을 찾을 수 있었다. 플래너에 빽빽하게 써놓은 계획들을 실천하지 못하면 하루를 마감하면서 자책감에 빠지는 것이다. 자신을 향해 '너는 아무리 해도 안 되는 인간이야'라며 손가락질하기도 한다. 무리해서 계획을 세우면 대부분 실패하고 좌절하게 된다. 그러니 자신이 하루 동안 어느 정도 학습을 할 수 있는지 아는 것부터 시작해야 한다. 멋지고 완벽한 계획보다 자신이 실천할 수 있는 계획을 세우고, 잘 실천하는 것이 중요하다.

그러려면 평소 가정에서 부모는 아이가 자신의 생각, 감정, 욕구를 잘 이해할 수 있도록 도와주어야 한다. 일상생활에서 이렇게 질문해보자.

"지금 어떤 생각이 들어?"

"지금 마음이 어때? 어떤 감정이 느껴지니?"

"그렇게 말하고 나니 기분이 어때?"

"○○이한테 필요한 게 뭐였어?"

아이가 처음에는 당황하거나 대답을 못 할 수도 있다. 하지만 계속해서 질문을 받다 보면 어느 순간 자신의 생각과 감정, 욕구를 들여다보고 스스로 답을 찾게 된다.

음식 '간장 게장'이 무엇인지 제대로 알려면 맛을 봐야 한다. 눈으로 보고, 귀로 들어서 간장 게장이 무얼 말하는지는 누구나 안다. 하지만 간장 게장을 밥도둑이라고 하는 이유는 그 맛을 봐야 알 수 있다. 손에 간장을 묻히며 먹어봐야 진짜 맛을 알 수 있다.

매일 나로 살아간다고 해서 나를 아는 것이 아니다. 다양한 경험을 하면서 생각하고, 감정을 느끼고, 깨닫는 것들이 쌓여야 비로소 '나'를 알 수 있다.

무엇보다 가장 중요한 건 부모가 먼저 메타인지를 높여야 한다는 것이다. 자신이 무엇을 좋아하고 싫어하는지 알아야 한다. 자신이 할 수 있는 것과 할 수 없는 것을 구분해야 한다. 그래야 아이의 메타인지도 높일 수 있다. 자신의 생각·감정·욕구를 아는 사람은 '진짜 나'로 살아갈 수 있고, 다른 사람과 마음으로 소통할 수 있다.

　시간을 내어 자신의 마음을 들여다보고, 객관적으로 분석해
보는 훈련을 하자. 자신의 생각과 감정, 욕구, 좋아하는 것과 싫
어하는 것, 할 수 있는 것과 할 수 없는 것을 적어보자. 그 시간
을 통해 자신을 잘 알게 되고, 메타인지가 높아져 마음의 평온
함을 회복할 것이다.

가족이 함께 앉아
이야기를 나눠보자!

아이의 메타인지 높이기

➡ 메타인지는 나를 객관적으로 볼 수 있는 힘이라는 사실을 기억한다.

➡ 나를 객관적으로 볼 수 있을 때 감정을 조절할 수 있음을 잊지 말자.

➡ 아이의 상황이 꼬일 때, '나는 나에 대해 아직 모르는 게 많을 뿐이야'라고 말하게 한다.

➡ 자신의 장점, 단점을 노트에 기록하게 한다.

➡ 쓴 내용을 큰 소리로 말해본다.

➡ 아이가 본인이 듣고 싶은 말을 써보게 한 뒤, 이를 진심을 실어 읽어보자(책 읽듯 말하지 않는다).

못난 모습도
받아들일 용기

다른 사람과의 관계에서 자신의 감정을 온전히 느끼고 표현하기란 매우 어렵다. 다른 사람의 감정에 진심으로 공감하는 것 또한 어렵다. 그래서 매일 만나는 가족의 마음도 잘 모른다. 사람을 마음으로 만난다는 것이 가능할까 싶을 정도다.

두 아들이 가끔 이렇게 말한다.

"엄마는 내 마음도 모르면서……."

"엄마, 아빠 마음대로만 하고……."

나름대로 최선을 다하고 있는데, 이런 이야기를 들으면 뒤통수를 한 대 맞는 기분이다. 아이의 마음을 알아주려면 어떻게 해야 할까?

먼저 아이가 감정을 표현할 때 부모는 민감하게 반응해야 한다. 아이의 감정을 인정하고 바라봐주면 된다.

"엄마, 지금 너무 답답해요."

"지금 아주 답답하구나. 무엇 때문에 그런 거야?"

"아빠가 잘 알지도 못하면서 화를 내며 이야기하잖아요."

"그랬구나. 아빠가 상황을 잘 모르시는데 화를 내며 이야기해서 억울하고 속상하겠다. 그치?"

"아빠가 밉고 짜증 나요."

"그래……. 마음이 많이 힘들겠다. 어떻게 하면 속상한 마음이 좀 풀릴까? 같이 산책 갈래?"

아이의 감정을 읽어주고, 곁에 있어 주는 것만으로도 아이는 마음이 차분해진다. 아이의 감정이 격앙된 상태에서 예의를 가르치려 하거나 훈육을 하면 아이의 마음은 더 흥분돼 이성적인 판단을 하지 못한다. 아이도 자기 감정이 왜 그런지 알지 못한다. 10대의 뇌는 공사 중이기 때문에 작은 일에도 감정이 욱하고 올라올 때가 있다. 그럴 때 부모는 감정을 읽어주고 인정해주면 된다.

아이의 감정을 읽어주려면 부모 먼저 '감정'을 알아야 한다.

흔히 사람은 화, 두려움, 외로움 등 부정적인 감정이 느껴지면 서둘러 덮어버린다. 그 감정과 마주할 용기가 없어 도망간다. 웃음으로 가리고, 괜찮은 척한다. 그러면 감정은 마음 어딘가에 남아 응어리진다. 아이나 어른 모두 감정의 덩어리가 쌓일수록 마음이 무거워진다. 무거운 마음으로 힘든 일상을 보내고 있다면, 응어리진 감정이 있는지 살펴봐야 한다. 응어리를 풀어내고 흘려보낼 때 비로소 마음이 가벼워진다.

감정을 흘려보내기 위해서는 먼저 감정을 온전히 느껴야 한다. 지금 얼마나 두렵고 화가 나는지, 얼마나 속상한지를 마음으로 충분히 느껴야 한다. 눈물이 나오면 울어도 된다. 답답하면 소리를 질러도 된다. 아무 소리도 낼 수 없는 상황이면 노트에 글로 써보는 것도 도움이 된다. 그러다 보면 어느 순간 마음이 후련해진다. 감정이 빠져나간 후에는 상처의 피를 닦아주고 어루만져줄 용기가 생긴다. 감정이 빠져나가면, 나에게 필요한 것이 무엇인지 보인다. 원하는 것을 채워줄 때 기분 좋은 감정을 느낄 수 있다.

사실 감정을 느끼고 표현하기 위해서는 용기가 필요하다. 자신이 좀 부족하다고 느껴져도 나를 드러내는 용기가 있어야 한다. 수치심을 느끼면 방어 태세를 갖추고 나약함을 감추기 위해 엄청난 에너지를 쓴다. 뭔가를 피하기 위해 고민하고 애쓰는 것은 나를 지치게 한다. 차라리 정면 돌파가 편할 수 있다.

나는 스스로를 열정은 있지만 불완전한 부모라고 인정하기로 했다. 두 아들을 키우고 있지만, 육아는 여전히 힘들다. 그래서 책을 읽고, 사람들의 조언을 듣고, 때로는 혼자 머리를 싸매고 고민하며 노력하고 있다. 나의 어린 시절을 생각하며 최선의 길을 찾아가려고 노력한다.

교사라는 역할도 여전히 어렵다. 좋은 교사, 스승이 되고 싶은 열정이 가득하지만 고민이 많다. 때론 잘하고 있다는 확신도 서지 않지만, 그런 나를 그냥 수용하기로 한다. 그게 나의 모습인데 어쩌겠는가. 때로는 기쁨과 감사로, 때로는 낙심과 좌절로 하루를 마무리한다.

교실에서 느끼는 나의 감정도 솔직하게 인정하고 표현한다. 완벽한 스승처럼 보이려고 애쓰지 않는다. 세상엔 완벽한 사람이 없기도 할뿐더러, 그렇게 보이려고 노력하는 것이 얼마나 힘든지 경험으로 알기 때문이다.

어른인 부모도 자신을 있는 그대로 인정해야 하며, 자신에게 없는 것을 아이에게 줄 수 없음을 알아야 한다. 자신이 배우고 성장하는 과정을 겸허히 아이들과 공유하자. 자신의 감정을 받아들이고, 표현하자. 내가 노력하고 애쓰는 부분을 무시하지 말고,

인정하자. 잘하고 싶은데 잘 안 되는 부분이 있다는 사실도 인정하자. 다른 사람 앞에서 수치심을 느끼는 경우도 있음을 받아들이자. 그 수치심을 정면으로 돌파하기 위해 용기를 내보자.

부모와 교사가 그렇게 할 때 아이들도 자연스럽게 자신의 감정을 표현할 것이다. 수치심과 맞서는 용기를 낼 것이다. 자신의 강점과 약점을 인정하고 정면 돌파하며 살아갈 것이다. 때론 너무 애쓰지 않아도 된다는 것을 자연스럽게 배울 것이다. 그러면서 아이들은 몸과 마음이 건강하게 자랄 것이다.

감정만 조절해도
반은 성공이다

아이들이 가정, 학교에서 감정을 조절하지 못해 후회하는 경우가 있다. 함께 성장하는 삶을 살아가기 위해서는 감정을 조절하는 능력이 반드시 필요하다. 아이가 자신의 감정을 잘 컨트롤하게 할 방법으로는 어떤 것들이 있을까?

첫째, 자신의 감정을 수시로 잘 표현하도록 돕자. 바로 즉시 '나 지금 불쾌해요', '저는 이런 결정이 ~해서 불편합니다'라고 솔직히 표현할 수 있도록 가정에서 충분히 연습시키자.

둘째, 불필요한 감정을 처리하거나 잠시 내려놓을 방법을 함께 찾아보자. 예를 들어 호흡을 크게 하면서 마음을 가라앉힌 다든지, 평소 좋아하는 말을 외운다든지, 다른 공간으로 이동한 다든지 등 아이에게 맞는 방법을 찾아보자.

셋째, 처한 상황에서 감정이 적절한지 생각해보게 훈련하자. 별것 아닌 일에 화가 나거나 실망하는 경우가 있다. 예를 들어 누가 아이의 발을 밟았거나 말실수를 하는 경우가 그렇다. 이 럴 때는 그렇게 화가 날 일은 아닐 수 있다고 생각해보게 하자.

넷째, 자신의 마음을 만나는 시간을 가지도록 도와주자. 평소 마음이 평온한 상태를 유지하는 아이는 감정에 쉽게 휘둘리지 않는다.

다섯째, 일상의 소소한 행복을 누릴 수 있도록 도와주자. 아 침에 일어나서 물을 한 컵 마시거나 가족과 찍은 사진을 쳐다 보거나 10분 동안 책을 읽는 등 일상의 행복을 소중히 여기는 아이는 긍정적인 감정을 자주 느낀다.

여섯째, 불필요한 걱정을 하지 않도록 훈련하자. 우리의 생각 은 자석과 같다. 불행한 일이 닥칠까 봐 걱정하는 사람은 불행한 일을 끌어당기는 것과 같다. 걱정하는 생각이 올라올 때 즉시 멈추고 원하는 상황을 머릿속으로 그려보는 훈련을 하면, 아이가 생각을 컨트롤할 수 있게 된다.

일곱째, 감정은 그냥 감정일 뿐임을 인식시키자. 우울한 감정을 느낀다고 해서 아이의 존재가 우울한 것은 아니다. 아이는 다양한 감정을 느낄 수 있다. 맑은 날만 계속되면 사막이 된다. 비가 오고 때로는 태풍이 불면서 풀과 나무가 자라 자연이 풍성해지는 것이다. 아이의 삶도 마찬가지다. 항상 기쁜 일만 있다면, 삶이 오히려 건조해진다. 희로애락을 느낄 때 삶이 더욱 충만해진다.

나는 부정적인 감정이 올라올 때, 심장이 빨리 뛰기 시작하고 가슴이 답답해진다. 그럴 때면 크게 호흡을 한 후 물을 한 컵 마신다. 그러면 마음이 차분해진다. 기분이 엄청나게 좋을 때는 발을 동동 구르면서 웃는다. 그렇게 할 수 없는 상황일 때는 입을 양옆으로 크게 벌리며 미소 짓는다. 마음이 상해서 아무 생각이 나지 않을 때는 엄지와 검지 사이의 들어간 부분을 꾹 누른다. 소화가 되지 않을 때도 그 부위를 누르면 속이 시원해진다. 너무 슬퍼서 눈물이 날 것 같을 때는 머리를 쓰다듬어준다.

나에게 '괜찮다'고 계속해서 말해준다.

감정은 불과 같다. 연료가 있으면 활활 타오른다. 감정의 연료는 바로 우리의 생각이다. 화가 났을 때는 우선, 감정을 잘 관찰하고 바라보아야 한다. 그리고 자신이 어떤 생각을 하고 있는지 알아차리고, 원하는 것이 무엇인지 깨닫는 것이 중요하다.

10대 아이들을 만나는 부모, 교사는 특히 감정을 잘 다스려야 한다. 아이들의 충동적인 행동에 당황하거나 예의 없는 말과 행동에 화가 치밀어 오를 때도 있다. 그럴 때 '화'라는 감정에 휘둘리면 안 된다. '저 녀석이 누굴 닮아 저러는 거야?', '나를 무시하는 거야?' 같은 생각을 하면서 화를 키워선 안 된다. 객관적인 상황에서 내 마음을 관찰해야 한다.

부모인 나의 생각, 감정, 욕구를 관찰하고 말이나 글로 표현해보자. 그러면 감정과 내가 분리되면서 감정을 다스릴 여유가 생긴다. '지금 아이의 말에 내가 무시당하는 것 같아 기분이 안 좋구나', '나는 지금 존중받고 싶구나', '아이의 마음도 상하지 않고 나도 기분 좋게 이 상황을 잘 마무리하면 좋겠다' 등의 알아차림이 있으면 욱하는 마음이 가라앉는다.

부모가 스스로 감정을 다스리게 되면 아이는 그 방법을 저절로 배운다. 감정을 다스리는 힘으로 아이는 성장할 수 있다. 아이가 감정의 노예가 아니라 감정의 주인이 되도록 도와주어라. 감정은 아이가 선택할 수 있다. 아이에게 불쾌한 감정이 올라올 때, 그 기분은 금방 지나간다는 것을 인식할 수 있도록 도와라. 생존의 위협을 느끼는 상황이 아니라고 알려주어라. 올라오는 감정을 잘 인식하고, 자신에게 좋은 선택을 할 수 있도록 가르쳐주어라.

감정이 복잡할 땐 운동을 하는 것도 도움이 된다. 아이의 신체 어느 부위를 자극하면 좋은지 다양한 시도를 해봐라. 팔굽혀펴기, 걷기 등 신체를 움직여보면서 아이 스스로 찾을 기회를 주어라. 아이의 감정은 아이 스스로 다스릴 수 있다. 아이가 감정이 주는 신호를 민감하게 알아차리고 컨트롤할 수 있다면 삶이 얼마나 풍성해지겠는가.

아이의 현재 모습에
'아직'을 더해라

스탠퍼드대학교 심리학 교수이자 『마인드셋Mindset: The New Psychology of Success』(스몰빅라이프)의 저자인 캐럴 드웩Carol Dweck은 고정 마인드셋fixed mindset과 성장 마인드셋growth mindset이라는 두 가지 교육적 개념을 발표했다.

이 개념은 사람의 지능을 다르게 해석하는데, 고정 마인드셋은 사람의 지능은 원래부터 이미 정해진 것이며 잘 변하지 않는다고 생각하는 것이다. 타고난 외모처럼 지능 역시 태어날 때부터 정해진 것이며, 이를 바꾸기 위해 할 수 있는 일은 별로 없다는 뜻이다. 반대로 성장 마인드셋은 몸의 근육처럼 지능도 노력하면 더 좋아진다고 생각하는 것이다. 수차례 연구를 거듭한 결과, 성장 마인드셋을 가진 학생들의 성적이 올라갔다.

고정 마인드셋을 가진 학생들은 수업 시간에 질문을 거의 하지 않는 편이라고 한다. 선생님이나 친구의 도움도 받으려 하지 않았다. 이들에게 노력이란 능력이 없음을 보여주는 행위이기 때문이다. 노력하며 애쓰는 것은 똑똑하지 않기 때문이라고 믿고 있다. 그러나 성장 마인드셋을 가진 학생들은 배우겠다는 목표를 가지고 적극적으로 질문하고, 새로운 전략을 찾기 위해 노력했다. 꾸준한 노력이야말로 한 단계 더 올라갈 수 있는 과정으로 보기 때문이다.

어린 시절에는 누구나 끊임없이 질문을 던진다. 궁금증을 풀기 위해 적극적으로 탐구하고, '왜?'라는 질문을 던지면서 생각을 이어나간다. 인간은 2세부터 5세에 이르기까지 3년 동안 무려 약 4만 번의 질문을 한다고 한다. 지적 호기심을 어른이 될 때까지 유지할 수 있다면 얼마나 많이 성장할 수 있겠는가?

아쉽게도 어린 날의 호기심은 잠깐이다. 고등학생만 돼도 '이미 늦었다'는 생각을 하는 아이들이 많다. 영어 단어를 외우면서 한숨을 쉰다. 수학 문제 하나를 30분 이상 붙들고 있으면서 조바심을 낸다. 내신 등급을 잘 받아 대학에 가는 건 불가능하다며 교과 수업에 집중하지 않는다.

학생들에게 이렇게 질문해본다.

"여러분, 여러분은 자신을 어떤 사람이라고 생각하나요?"

대부분이 고개를 갸우뚱한다. 그런 생각을 할 여유 없이 주어진 일과를 소화하느라 바쁜 고등학생들 아닌가.

"자신이 무한한 잠재력을 가지고 있다고 믿는 사람은 손들어 보세요."

아무도 없다. 옆 사람에게는 안 그러면서 정작 자신에게는 점수가 박하다.

"공부를 잘하려면 공부 머리를 타고나야 할까요?"

이런 질문을 하면서 학생들이 자신에 대해 어떤 믿음을 가졌는지 생각해보게 한다. 대부분이 자신을 부족한 사람이라 평가한다. 내신 등급을 잘 받는 것이 중요한 목표이고, 자신의 존재감을 확인할 수 있는 유일한 길이라고 생각하기 때문이다.

학생들에게 '바보 빅터'와 관련된 동영상을 보여주었다. 훗날 국제멘사협회 회장이 된 빅터 세리브리아코프Victor Serebriakoff 의 젊은 시절 이야기를 다룬 영상이다. 빅터는 17년 동안 바보로 살았다. 자신의 IQ가 73이라고 생각했기 때문이다. 주위에서도 그를 바보라고 놀리며 무시했고 자신도 스스로 바보라고 믿었다. 결국 중학교도 졸업하지 못하고 아버지의 정비소에서 일하게 됐다. 그러다가 군대에 가기 전, IQ가 173이라는 것을 알게 됐고 그 후로 놀랍게 성장했다. 마침내 국제멘사협회 회장이 되었고 수많은 책도 출간했다.

동영상이 끝나면 잠시 침묵이 흐른다. 나는 다시 질문한다.

"여러분, 여러분은 자신이 어떤 사람이라고 생각하나요?"

타고난 재능보다 더 중요한 것은 자신에 대한 믿음이다. 자신에 대해 어떤 믿음을 가지고 있느냐가 운명을 결정한다. 현재의 모습을 보며 이미 인생이 끝난 것처럼 살아가는 아이들이 있다. 아이에게 분명하게 알려주어라. 인생은 '아직' 끝나지 않았으며, 여전히 '현재 진행형'이라고.

'아직'이라는 단어는 희망적이다. '지금은 그 수준에 도달하지 못했지만 조만간 해낼 수 있다'는 생각이 깔려 있기 때문이다. 아이의 현재 모습에 '아직'이라는 단어를 붙여보자. '아직 일찍 일어나지 않았을 뿐'이다. '아직 집중이 잘 안 될 뿐'이다. 현재 모습이 아이 인생의 마지막 모습은 아니다.

뇌과학자들은 뇌 가소성을 강조한다. 우리 뇌는 무언가 새로운 것, 어려운 것을 배울 때 더 똑똑해진다. 익숙하고 안락한 영역을 벗어나 탐구할 때 뇌 안에서 새로운 신경세포가 더 강한 새 연결고리를 만들기 때문이다. 『매일매일 성장하는 뇌The Woman

Who Changed her Brain』의 저자 바바라 애로우스미스 영Barbara Arrowsmith Young은 여러 종류의 학습장애를 딛고 일어선 인물이다. 그녀는 그 과정에서 '애로우스미스 인지 훈련 프로그램'을 제창했다. 내용을 잘 기억하지 못하고, 길을 자주 잃어버렸으며, 몸의 균형을 잡지 못해 넘어지고 다치기 일쑤였던 그녀는 뇌를 강화하는 훈련을 하면서 놀랍게 성장했다. 실제 그녀의 훈련은 효과가 있었는데, 공부나 운동 등의 활동을 통해 새로운 뇌세포가 생길 수 있다는 건 여러 연구 결과로도 입증됐다.

자신에 대한 긍정적인 믿음과 성장 마인드셋은 밀접한 관계가 있다. 스스로 성장 가능성이 있는 존재라고 생각하는 사람이 자신을 긍정적으로 인식하기 때문이다. 성장 마인드셋이 완성되지 않은 상태에서는 자신에 대한 확신이 부족해 불안해하거나 좌절감에 빠지기도 쉽다.

아이에게 '아직' 성장 마인드셋이 장착되지 않았는가? 그렇다면 지금 당장 할 수 있는 것에 집중하도록 도와주어라. 작은 목표를 하나씩 성취하다 보면 어느 순간 큰 목표를 이루고 성장 마인드셋을 갖게 된다. 아이가 성장하기 위해서는 현실적인 실천이 있어야 한다.

산티아고 순례길을 익히 들어 잘 알고 있을 것이다. 프랑스

남쪽 생장피드포르에서부터 피레네산맥을 넘어 스페인 북서쪽에 있는 산티아고까지 이어지는, 무려 800킬로미터에 달하는 길인데 이곳에 한국 사람들이 넘친다. 한 달을 걸어야 하는, 체력적으로나 정신적으로 절대 쉽지 않은 이 길을 남녀노소 불문하고 많은 한국인이 찾고 있다. 이 길을 완주하기 위해서는 하루를 잘 걸어야 한다. 중요한 건 하루하루 걷다 보면 어느 순간 목적지에 도달한다는 것이다.

이제 아이와 인생의 마지막 순간 눈을 감을 때 어떤 모습이면 좋을지 대화해봐라. 그 이유를 들어봐라. 우리는 무한한 가능성을 가진 존재이고, 계속해서 성장하고 있다는 것을 반드시 기억하면서.

나는 내가 만나는 아이들이 큰 꿈을 꾸길 원한다. 현재의 모습에 자신을 한정 짓지 않기를 바란다. 무한한 우주에서 마음껏 꿈꾸면 좋겠다. 방향을 제대로 잡고 간다면, 그 목표에 점점 더 가까워지는 삶을 살지 않겠는가. 아이 모두가 같은 수준의 능력을 갖춘 것은 아니다. 각자 자신에게 맞는 성장 마인드셋을 장착하고, 현재 어느 상태에 있건 방법을 찾기 위해 노력하고 실천하면 언제든 더 나아질 수 있다고 믿자.

아이가 고정 마인드셋을 가지고 있는가, 아니면 성장 마인드셋을 가지고 있는가? 아이 스스로 자신이 성장할 수 있음을 깨닫고, 조금씩 성장하는 자신을 경험하면서 인생의 즐거움을 누릴 수 있도록 도와주자. 아이는 실수를 통해 배우고 고쳐나간다. 노력과 인내가 아이의 삶을 빛나게 해줄 것이다. 아이가 성장하고 있음을 믿어라. 현재 상황을 뛰어넘는 최고의 모습이 되어가고 있음을 믿어라.

머리가 나쁘다는 생각은
잘못된 것

나는 용두사미일 때가 많았다. 시작은 성대했으나 결과는 미미했다. 뭔가 일을 시작할 때 설레고 기대가 되면서도 마음 한구석에서는 이런 생각이 올라온다.

'이거…… 괜히 시작했다가 욕만 먹는 거 아니야?'

초등학교 3학년 때 학교 대표로 육상대회에 나간 적이 있다. 100미터 달리기에서 2명까지 결승전에 올라가는데, 나는 3등을 했다. 충분히 따라잡을 수 있었는데 나도 모르게 다리의 힘을 빼고 천천히 결승점을 통과했다. 마지막 20~30미터를 남겨두고 천천히 뛰었다. 다른 학교 학생들이 응원하는 얼굴, 목소리를 들으면서 나도 모르게 다리에 힘이 빠졌다. 3등으로 통과

했다는 소식에 육상부 담당 선생님이 너무나 아쉬워하셨다. 미안함에 고개를 들 수 없었다.

그 후부터 나는 내가 마무리를 잘 하지 못한다는 생각을 하게 됐다. 무슨 일이건 중반부가 넘어가면 힘이 빠졌다. 도망가고 싶었다. 사람들이 나에게 실망할까 봐 걱정했다. 새로운 일을 시작하기 전, 걱정과 불안한 마음이 꿈틀거렸다. 성과가 좋지 않을 때는 '거봐, 이럴 줄 알았어!'라고 생각했다.

내가 어떻게 하든 다른 사람들이 나를 싫어한다고 생각했다. 어린 시절부터 "너는 왜?"라는 말을 많이 들었다. 조금 다른 생각을 하고 다른 행동을 할 때마다 "너는 왜 그러냐?"라는 소리를 들었다. 엄마도 "제 아빠를 닮아서 이기적이야"라고 말씀하신 적이 있다. 그 말이 화살처럼 가슴에 꽂혔다. 내가 상을 받아올 때도 "잘했구나, 자랑스럽다" 같은 말씀은 하지 않으셨다. 그냥 눈으로 웃으셨다. 그래서 내가 사람들과 의사소통하는 방식은 상대방의 눈을 보는 것이 됐다. 사람들의 눈빛을 보고 나를 좋아하는지 싫어하는지를 판단했다.

또한 어린 나에게 세상은 위험한 곳이었다. 불평등한 곳이었다. 강도, 살인 사건 등 언제 어떤 불행이 내 삶에 닥칠지 모르는 불안한 곳이었다. TV 드라마에 나오는 부자들은 가난한 사람을 착취하는 사람들이었다.

이렇게 나 자신, 타인, 세상에 대한 기본적인 생각이 바로 '핵심 신념'이다. 자기 삶에 대한 강한 믿음으로, 보통 어렸을 때의 경험이 핵심 신념을 만든다. 그러므로 근거가 명확하지 않다. 그런데 핵심 신념이 자동적인 사고를 만들어낸다. 이 자동적 사고가 무의식적으로 선택하고 행동하게 한다. 우리 삶이 핵심 신념에 좌우된다고 봐도 무방하다.

아이의 마음을 잘 들여다보면, 부정적인 핵심 신념이 강하게 자리 잡고 있을 수 있다. 예를 들어 '나는 꼼꼼하지 못하다'라는 핵심 신념을 가지고 있다고 해보자. 아이는 자신이 꼼꼼하지 못하다는 강한 믿음이 있기 때문에, 복잡한 일이나 신경을 많이 써야 하는 일에는 나서지 않을 것이다. 그러면 점차 주변 사람들도 아이에게 중요한 일을 맡기지 않을 것이다.

'나는 사기를 자주 당한다'라는 핵심 신념을 가지고 있다면 어떨까? 사람들과의 관계에서 실제로 자주 속고 손해를 볼 것이다. 자신은 세상 물정에 어두우며 순진해서 사기를 잘 당한다는 확신이 그런 일들을 당연하다고 여기게 한다. 주변 사람들이 불쌍히 여기고 도움을 줄 수도 있다.

이런 부정적인 핵심 신념들이 주는 유익이 있다. 사람들이 위로를 해준다든지, 몸이 편하다든지 등이다. 이런 여러 가지 유익이 있기 때문에 부정적인 핵심 신념을 알아차리더라도 바꾸기가 어렵다. 하지만 그 유익을 내려놓을 때, 비로소 성장할 수 있다. 부정적인 핵심 신념을 가진 상태로 성장하기는 정말 어렵기 때문이다.

　　고등학교 2학년인 T는 수업 시간에 발표를 잘 하지 않았다. T와 대화하면서 '나는 소심해서 사람들 앞에 나서는 건 잘 못해'라는 핵심 신념이 있다는 것을 발견했다. 자신이 소심하다는 확고한 믿음이 있었기 때문에 아는 내용도 손을 들어 발표하는 것은 시도조차 하지 않았던 것이다.

　　"언제부터 소심하다고 생각했어?"

　　"어릴 때부터 그랬던 것 같아요."

　　"그렇게 생각하는 근거는 뭘까?"

　　"음……, 엄마가 다른 사람들한테 우리 딸은 소심해서 걱정이라고 말씀하시는 걸 들었어요."

　　"혹시 스스로 소심하다고 느낀 적이 있었어?"

　　"네, 조용하게 있을 때 마음이 편해요. 또 뭔가 일을 마무리할 때 여러 번 점검하는 편이에요."

　　"그렇구나. 우리 ○○이는 많은 사람 앞에 나서는 건 불편하지만, 조용하고 꼼꼼하게 마무리를 하는 사람이네. 선생님 생각에는 내공이 있는 사람 같은데? 어떻게 생각해?"

"아……, 생각해보니 그런 것 같아요. 감사합니다."

그 후 T는 손을 들어 발표하기 시작했다.

아이의 부정적인 핵심 신념을 파고들어 가면 근거가 허술하다는 것을 확인할 수 있다. 아이가 긍정적인 핵심 신념을 갖게 할 근거를 찾아보자. 얼마든지 찾아낼 수 있다. 살아오면서 아이가 성취한 것들을 작은 것부터 적어보자.

나도 스스로 용두사미라고 생각했을 때는 뭔가 새로운 것에 도전하기가 두려웠다. 하지만 용두사미가 아니라 새로운 일에 도전하는 호기심, 실천력이 있는 사람으로 핵심 신념을 바꾼 후부터 마음이 한결 가벼워졌다. 마무리를 잘하기 위해서 처음 시작할 때 절반 정도의 에너지를 쓰고 끝까지 잘 조절하기로 마음먹었다. 이렇게 생각, 신념을 긍정적으로 전환할 수 있다.

아이가 '나는 머리가 나쁘기 때문에 공부해도 소용없다'라고 생각한다고 해보자. '나는 머리가 나쁘다'라는 믿음의 근거는 무엇인가? 어릴 때 부모님이 '머리가 나쁘다'라거나 '새대가리다' 같은 말씀을 하셨기 때문이라면, 확실한 근거라고 할 수 있을까? 절대 아니다. 받아쓰기 성적에 화가 나서 그렇게 말씀하셨을지 모른다. 또는 다른 일로 화가 났는데 아이에게 화풀이를 한 건지도 모른다. 학교 성적이 지적 능력의 우열을 나타내는 기준이 될 순 없다.

사람의 뇌세포는 수천억 개에 달한다. 아이의 뇌는 가소성이 있기 때문에 많이 사용할수록 똑똑해진다. 뇌는 계속해서 변하고 성장한다. 책을 읽고, 생각하고, 말로 하고, 글을 쓰는 동안 뇌는 점점 더 발달한다. 그러므로 '머리가 나쁘기 때문에 공부해도 소용없다'라는 생각은 잘못된 것이다.

고등학교 3학년 학생 중 다수에게는 '이미 늦었다'라는 확고한 부정적인 믿음이 있다. 고작 10대에 이런 믿음을 가지고 있다는 것이 놀라울 지경이다. 미국의 국민 화가라 불리는 모지스 할머니 얘기를 해보자. 그녀의 본명은 애나 메리 로버트슨 모지스Anna Mary Robertson Moses이지만 모두가 그녀를 '모지스 할머니'라고 부른다. 그녀는 75세에 그림을 그리기 시작해서 102세까지 많은 작품을 탄생시켰다. 소박하고 따뜻한 그림으로 '미국의 국민 화가'라는 별칭을 얻었다. 그런가 하면 보디빌더로 활약 중인 60대 할아버지도 있다. 각종 잡지의 표지 모델로 활동 중인 스티브 테일러Steve Taylor가 그 주인공이다. 그는

"나이 든 사람도 도전할 수 있다는 것을 보여주고 싶었다"라고 말하며 자신의 몸을 정성스레 가꾸었다.

그 밖에도 60대, 70대에 시작해서 큰 성과를 이룬 사람이 많다. 그러니 10대들이 가진 '이미 늦었다'라는 신념은 근거가 없다. 오로지 삶의 목표를 대학 입시에만 두고 있기 때문에 그런 부정적인 신념을 가지게 된 것이다. 대학 입시는 인생의 수많은 관문 중 하나일 뿐이다. 높은 성적을 받아 대학에 들어가는 게 무조건 옳다고만 할 수도 없다. 반대로 나이가 들어 새로운 꿈을 찾아 대학에 입학하는 사람도 많다.

늦었다고 생각하는 그 시점이 가장 이른 시기임을 아는가? 이미 늦었다는 생각으로 자신이 가진 무한한 잠재력을 방치해서는 안 된다.

아이가 자신을 '게으른 사람'이라고 믿고 있는가? '게으른 사람이다'라는 믿음의 근거는 무엇인가? 휴일에 누워 있는 자신을 향해 부모님이 한 말인가? 게으른 사람은 없다. 단지 가슴을 뛰게 하는 무언가를 만나지 못했을 뿐이다. 그것을 찾으면 된다. 정말 하고 싶은 일을 만나면, 잠을 안 자도 피곤하지 않다. 어떻게든 해내려고 온갖 방법을 찾아내기 마련이다.

아이가 가지고 있는 자신과 타인, 세상에 대한 부정적인 핵심 신념을 바꾸도록 도와주어라. 자신에 대한 긍정적인 믿음에 도움이 되는 활동들을 해보자. 아이와 함께 좋은 사람들을 만나고 좋은 에너지를 공유해라. 전혀 새로운 것에 도전할 기회를 제공해라. 세상에는 밝은 에너지를 가진 사람들이 많다. 그런 사람들을 찾아보고, 함께할 수 있는 것을 실천해보자. 긍정적인 핵심 신념과 생각이 아이의 발걸음을 성장으로 향하게 한다.

모든 아이는
공부머리를 갖고 태어난다

"아이 씨, 공부하지 말 걸 그랬어!"

교실에 들어서자마자 여기저기서 욕과 탄성이 쏟아져 나온다. 지필평가 마지막 날의 모습이다. 그동안은 시험 기간이라 참았지만, 마지막 날 채점을 하면서 여기저기에서 화가 터진 것이다. 책상을 발로 차기도 한다. 벽을 주먹으로 치며 화풀이를 하는 학생도 있다. 공부한다고 나름대로 노력했는데 성적이 오르지 않으니, 그 마음이 오죽하겠는가.

N은 반에서 공부 잘하는 친구를 롤 모델로 삼았다. 그 친구를 관찰하고 그대로 따라 했다. 수업 태도, 필기하는 모습을 면

밀히 관찰했다. 특히 어떤 문제집을 사서 풀어보는지 살펴보고, 그대로 따라 했다. 친구가 공부할 때 함께 공부하고, 쉴 때 함께 쉬었다. 같은 학원에 등록해서 수업을 들었고, 그 친구가 신청한 인터넷 강의도 들으며 열심히 공부했다. 하지만 성적은 그대로였다. 도대체 뭐가 문제인지 가슴이 답답했다. N은 공부 잘하는 친구는 머리가 좋은 거라고 생각하며 자책했다.

실제로 많은 학생이 N과 같이 생각한다. 나 역시 학창 시절, 수업 시간에 자주 졸면서 필기를 하고도 의과대학에 진학한 친구를 보면서 같은 생각을 한 적이 있다. 타고난 '공부 머리'가 있다고 말이다. 하지만 시간이 지나 뇌과학과 관련된 공부를 하면서 내 생각이 잘못됐다는 것을 깨달았다.

그 친구는 수업 시간에 필기를 꼬박꼬박 했다. 그리고 자신만의 방법으로 정리하며 복습했다. 학원은 다니지 않았다. 혼자 복습하고, 잘 모르는 내용은 교과 선생님들께 질문했다. 친구들이 모르는 부분을 물어보면 친절하게 가르쳐주었다. 설명하면서 막힐 때면 다시 공부해서 알려주곤 했다. 간혹 머리를 감지 않아 머리카락이 눌려 있기도 했는데, "그럴 때도 있지 뭐, 괜찮아"라며 웃어넘겼다. 다른 일에 별로 신경을 쓰지 않았고, 공부하는 것에 집중했다. 그 친구의 모습을 돌이켜 생각해보니,

공부를 잘할 수밖에 없었다는 생각이 든다.

1990년대, 심리학자인 앤더스 에릭슨Anders Ericsson이 「재능 논쟁의 사례 A」라는 결과를 발표했다. 그는 베를린 예술종합 대학의 학생을 크게 세 그룹으로 분류했다. 세계적인 연주자로 대성할 최우수 학생, 직업 연주자로 자리 잡을 수 있는 우수한 학생, 음악 교사가 될 보통 수준의 학생으로 그룹을 나눠 각각 기준을 두고 선정했다. 그런 후 그룹별로 수업 시간, 개인 연습 시간, 생활 패턴 등 많은 기준을 토대로 자료를 기록했다. 제법 시간이 지나 자료를 분석한 결과, 각 그룹의 차이는 바로 혼자 연습하는 시간에서 온다는 걸 알 수 있었다. 성공은 재능이 아 닌 '연습'의 결과라는 답을 얻은 연구였다.

공부도 마찬가지다. 똑같이 학교생활을 하면서도 공부를 잘 하는 친구가 있다면, 그 친구는 혼자 공부하는 시간이 많을 것 이다. 열심히 하지 않고 저절로 공부를 잘하는 사람은 없다.

학생들과 코칭을 하다 보면 공통점을 발견하게 된다. 스스로 공부를 많이 한다고 착각한다는 것이다. 공부에 대한 새로운 정의가 필요하다. 공부는 '새로운 것을 배우는 과정'이고, '자신 이 모르는 것을 확인하고 연습하는 과정'이다.

"요즘 공부는 어떻게 하고 있어?"

"엄청나게 많이 해요. 학교에서 수업 시간에 공부하죠. 방과 후에 학원에 가서 10시까지 공부하죠. 다시 도서관에 가서 인터넷 강의 듣고, 집에 가면 1시예요."

요즘 청소년들의 일상은 참 쓸쓸하다. 온종일 공부하는 것처럼 보이지만, 정작 제대로 된 공부 시간은 1시간도 채 되지 않는다. 학교 수업, 학원 수업, 인터넷 강의는 대부분 수동적으로 듣고만 있는 것이다. 물론 중간에 필기를 하지만, 적극적으로 배우는 시간이 아니다.

공부를 잘하려면 수업 내용 중에 잘 이해되지 않는 부분이 무엇인지 파악하고, 혼자 연습해야 한다. 비주얼 싱킹이나 마인드맵으로 그려볼 수도 있고, 교과서를 덮고 내용을 다시 상기해볼 수도 있다. 또는 다른 사람에게 설명해줄 수도 있다. 실제로 나는 수업 시간에 짝꿍에게 설명하기를 많이 시킨다. 설명을 잘하면 내용을 아는 것이고, 설명이 서툴면 모르는 것이니 다시 공부하라고 알려준다.

냉장고에 음식 재료가 가득 차 있으면 마음이 든든하다. 하지만 음식 재료를 꺼내 요리를 해서 먹어야 배가 부르다. 수업을 듣고만 있는 것은 냉장고에 음식 재료를 넣는 것과 같다. 왠지 배부르고 든든하지만, 먹을 수는 없다. 두부를 꺼내 달걀을 입혀 두부 부침을 할 것인지, 썰어서 된장국에 넣을 것인지 선택하고 직접 요리를 하는 것이 바로 '공부'다. 내가 가지고 있는 기존의 지식과 잘 버무려 새로운 지식을 만들어야 한다. 혼자 앉아서 무엇을 모르는지 찾고, 다시 읽고 복습해야 한다. 기존의 지식과 연결해서 구조화해야 한다. 그렇게 하는 시간이 있어야 공부를 했다고 할 수 있다.

누구나 멋진 몸매를 원한다. 하지만 아무나 멋진 몸매를 갖게되는 건 아니다. 운동해야 한다는 걸 알지만, 그 과정이 귀찮고 힘들기 때문이다. 공부도 마찬가지다. 공부를 잘하고 싶지만 잘하기는 어렵다. 혼자 앉아서 공부하는 것보다 게임을 하고, 놀고 싶다. 앉아 있으면 휴대전화에 절로 손이 간다. 특히 10대는 감정의 기복이 심할 때다. 불안과 걱정이 마음을 뒤흔든다. 그런 마당에 "도대체 뭐가 되려고 그러니? 공부도 하지 않는 주제에!"라는 비난을 들으면 공부할 마음이 싹 가신다.

먼저 10대 아이들의 마음을 이해할 필요가 있다. 아이들은 모두 공부를 잘하고 싶어 한다. 마음처럼 몸이 따라주지 않고, 방법을 모를 뿐이다. 공부를 못해서 힘들어하는 10대 아이의 마음을 이해해주길 바란다. 공부만으로 줄을 세우는 우리나라

공교육 시스템에서 공부 못하는 아이의 마음이 어떻겠는가!

그러므로 앞으로 아이에게 공부 잘하는 사람은 혼자 공부하는 시간이 많다는 사실을 알려주어야 한다. 타고난 재능은 없다. 다만, 혼자 열심히 하는 시간이 많을수록 공부를 잘하게 되는 것이다. 아이가 온종일 강의를 듣는다면, 그 시간을 줄이고 1시간이라도 혼자 공부하는 시간을 갖게 해주자. 자신이 무엇을 모르는지 확인하고, 다시 공부하는 시간을 가져야 한다고 말이다.

공부를 하기 전에 구체적인 목표를 가지는 것도 중요하다. 목표를 구체화할수록 실행할 확률이 높아진다. 나는 리더십 동아리를 운영하면서 아이들에게 자신의 먼 미래부터 1년 후의 모습까지 구체적으로 그려보고 글로 써보게 한다. 그러면 지금 당장 무엇을 얼마나 공부해야 하는지 알게 된다.

공부하는 목적이 무엇인가? 그 질문을 먼저 해보자. 오늘 1시간 공부를 한다면, 무엇을 얼마나 할 것인지 구체적으로 정하는 것이 중요하다.

공부를 잘하기 위해서는 끈기와 인내가 필요하다. 그만큼 체력도 상당히 중요한데, 우리의 생각보다 훨씬 더 큰 영향을 미친다. 체력 단련이 두뇌 개발에도 긍정적인 영향을 준다는 이야기도 있다. 실제로 미국의 여러 학교에서는 '0교시 체육 수업'을 하고 있다. 말 그대로 본격 수업이 시작되기 전 학교 운동장에서 간단한 운동을 하는 것이다. 많은 학교에서 아침 운동 시간을 갖고, 그 결과 학업 성적이 더 높아졌다고 한다. 운동을 통해 몸을 움직이면 두뇌가 자극받고 학습 집중력이나 성취욕이 높아지는 것이다.

공부를 잘하기 위해서는 혼자 공부하는 힘이 있어야 한다. 우리 뇌는 누구나 공부를 잘할 수 있다고 말한다. 누구나 엄청나게 많은 뉴런을 가지고 태어나기 때문이다. 모든 아이는 공부 머리를 갖고 태어난다. 공부 잘하는 사람들은 특별히 다른 뉴런을 가지고 태어나는 것이 아니다. 다만 공부하는 과정에서 그 부분의 뇌가 발달하는 것이다. 지금부터 아이가 자신의 뇌를 믿고, 공부를 시작할 수 있도록 이끌어주자.

참지 않고
펑펑 울어도 괜찮아

나는 눈물이 많다. 드라마나 영화를 보면서 우는 것은 기본이고, 음악을 듣다가도 눈물이 날 때가 있다. 어린 시절에는 엄청나게 울었다. 유치원 다닐 때 동네 친구 중에 손톱으로 꼬집는 남자아이가 있었다. 그 친구를 만날 때마다 꼬집혀서 울었다. 나는 또래보다 덩치가 커서 두세 살 위의 언니, 오빠들과 비슷했는데 엄마는 작은 남자아이한테 맨날 꼬집혀서 운다며 나를 혼내셨다.

그때부터 엄마 앞에서는 울음을 삼켰다. 울면 혼이 날 게 뻔했기 때문이다. 그게 버릇이 된 걸까. 그 후로도 엄마 앞에서는 울지 않았다. 힘들고 속상한데 터놓고 이야기할 데가 없었다.

어린 시절 우리 집은 장사를 했다. 엄마는 장사하느라 늘 바쁘셨다. 나는 눈을 뜨면 밖에 나가서 밤늦게까지 놀았다. 배가 고프면 집으로 와서 밥을 먹었다. 아무 반찬이건 밥을 두 그릇씩 먹었다. 엄마가 따로 신경 쓰지 않아도 잘 먹고, 잘 크고, 잘 놀았다. 언니 오빠들과 달리기 시합, 땅따먹기, 고무줄놀이 등을 하면서 놀았다.

내가 살던 동네에 큰 앵두나무가 있었다. 앵두나무치곤 줄기가 굉장히 굵고 컸는데 그 나무에 곧잘 올라가서 쉬곤 했다. 한번은 나무 위에서 잠이 들었다. 찬 기운에 눈을 떴는데, 하늘이 온통 붉은빛으로 물들어 있었다. 한참 동안 넋을 잃고 바라봤다. 어린 나이였음에도 자연의 아름다움에 눈물이 핑 돌았다.

정신없이 놀 때도 많았지만, 혼자 의자에 앉아 있는 것도 좋아했다. 나무 그늘에 앉아 있으면 바람이 불 때마다 나뭇잎이 '스르르 스르르' 소리를 낸다. 작은 풀벌레 소리도 들린다. 내 머리카락이 얼굴을 스칠 때 감촉이 참 좋았다. 마치 시간이 정지한 듯 고요한 느낌이 마음을 위로해주었다.

2012년 마음공부를 시작하면서 얼마나 울었는지 모른다. 워크숍에 참석할 때마다 가슴이 먹먹했다. 집으로 돌아가는 버스 안에서도 많이 울었다. 집에 돌아와 두 아들을 재워놓고 통곡을 하기도 했다. 사람들과 말하면서, 혼자 글을 쓰면서 계속해서 울었다. 몇 년 동안 울었다. 아주 어린 시절부터 삼켜왔던 눈물이 터져 나왔다.

'내가 그때 참 외로웠구나', '나를 참 미워하면서 지냈구나'라는 생각을 하면서 내 마음을 토닥였다. 한동안은 엄마에게 화를 내기도 했다. 엄마는 잘 지내던 딸이 갑자기 원망을 쏟아내니 어이없어하셨다. 엄마의 기억과 나의 기억은 전혀 달랐다. 엄마가 욕을 할 때는 작은 눈이 매서웠다. 크게 소리치실 때면 엄마의 목젖까지 보였다. 하지만 엄마는 욕 한 번 하지 않고 키웠다고 말씀하셨다.

그 시간을 보내느라 울고 화를 내면서 마음의 짐을 하나씩 내려놓았다. '괜찮다'고 생각했던 모든 것이 사실은 '안 괜찮다'였다. 내 마음은 괜찮지 않았는데, 내 머리는 괜찮다고 생각하며 살아온 것이다.

M은 굉장히 붙임성이 좋은 학생이었다. 고등학교 1학년 때부터 자신의 이름을 기억해달라며 선생님들을 찾아다녔다. 그덕에 나도 그 학생의 이름을 금방 외웠다.

그런데 밝고 귀여운 이미지의 M이 언제부턴가 수업 태도가 달라졌다. 사물함 있는 곳을 왔다 갔다 하거나, 엎드려 잤다. 쉬는 시간에는 학교 구석구석을 돌아다녔다. 보건실에 가서 수다를 떨기도 하고, 각 층의 교무실을 다니며 선생님들을 만났다. 때로는 친구들과 운동장에서 놀기도 했다. 쉬는 시간에는 활기 찼지만, 수업 시간만 되면 어두운 그림자가 드리워졌다.

M이 2학년 때 우리 반이 됐다. 학기 초부터 많은 상담을 했다. M이 어떤 생각을 하는지 궁금했고, 조금이라도 도움을 주고 싶었다. 웃는 모습 뒤에 어두움이 살짝 보였다. 특히 어머니에 대해 이야기할 때면 눈물을 보였다. 어머니께 잘하고 싶어 하는 마음이 가득했다. 그 마음이 참 예뻤다. 하지만 M은 이내 눈물을 삼키고, 화제를 돌렸다. 더 물어보지 않았다. 다만, 이야기하고 싶을 때 언제든지 이야기하라고 문을 열어두었다.

"선생님, 저 이야기하고 싶은 게 있긴 한데요. 말을 꺼내면 감당이 안 될 것 같아요."

"그래, 그렇게 말해줘서 고맙다. 이야기하고 싶어지면 언제든지 찾아와."

그 후로 M은 손가락을 다치거나 문구류를 빌릴 때 나를 찾아왔다. 결국 속 이야기를 터놓지는 않았다. 때가 되면 M도 나처럼 마음에 있는 슬픔을 쏟아낼 것이다.

누구에게나 상처가 있다. 나는 내가 세상에서 가장 슬프고 힘든 사람이라 생각했다. 내 주변에 나와 같은 환경의 친구는 없었기 때문이다. 잔소리를 하더라도 늘 자식을 걱정하는 엄마, 아빠와 함께 살고 있었다. 형제자매와 다투면서도 사이좋게 지냈다. 친구들은 어떤 옷을 입고, 어떤 헤어스타일을 할지 고민했다. 불평이라고 털어놓는 것들이 오히려 사람 사는 모습 같아 보기 좋았다.

내 안에는 열등감과 괴로움이 가득했다. 엄마는 장사하느라 바빠서 나와 눈을 마주치며 이야기를 나눈 적이 없었다. 초등학교 4학년이 됐을 때, 이사를 하면서 엄마는 장사를 그만두고 집에서 부업을 시작하셨다. 한숨을 쉬며 먼 하늘을 바라보는 엄마의 뒷모습에 나도 힘이 빠졌다. 좀더 따뜻한 가정에서 자랐다면 어땠을까? 늘 뭔가 허전하고 아쉬웠다.

마음공부를 하면서 많은 사람을 만나게 됐다. 겉으로 보기에 잘 지내는 것 같은 사람에게도 남모를 사연이 있었다. 어린 시절의 상처와 결핍이 있었다.

나와 사정은 다르지만, 힘든 가정사를 가진 언니를 만났다. 부모가 여러 번 결혼하는 건 자녀에게 큰 고통이다. 하지만 사람이 성장한다는 게 이런 걸까. 언니는 같은 여자로서 엄마를 이해했다. 그리고 사랑하며 산다는 것이 어떤 것인지 삶에서 실천하고 있었다. 자신이 속한 선교단체의 리더로서 많은 사람을 섬기며, 자신의 재정과 재능을 나누어주었다. 부모를 원망하기보다는 이해하고 품으며 살았다.

언니를 보면서 내 마음의 그릇을 한 뼘 넓힐 수 있었다. 엄마도 나의 엄마이기 이전에 한 사람의 여자다. 여자로서 엄마의 삶을 생각해보면 마음이 아프다. 가정적이지 못한 남편과의 삶, 어린 자녀들을 혼자 책임져야 하는 삶이란 얼마나 힘겨운 것인가! 엄마를 바라보는 시선이 달라지자, 원망하는 마음도 사라졌다. 나를 돌봐줄 마음의 여유가 없었던 엄마를 용서했다.

나는 다른 사람들에게서 나의 존재 이유를 발견하기 위해 무던히도 애를 쓰며 살아왔다. 엄마의 눈빛, 선생님의 태도, 친구들의 반응, 다른 사람들의 피드백을 통해 내가 이 세상에 꼭 필요하고 소중한 존재라는 것을 확인받고 싶었다. 하지만 그렇게 사는 것은 정말 피곤한 일이다. 안테나를 곤두세우고, 반응을 살핀다. 남이 조금이라도 싫어하는 것 같으면 바로 말과 행동을 바꾼다. 그리고 밤이 되면 '내가 바보같이 왜 그랬지?' 하는 생각이 꼬리를 물어 자책하며 잠이 든다.

코칭 상담을 하다 보면, 나와 같은 고민을 하는 아이들을 많이 만난다. 겉으로는 강해 보여도 속으로는 다른 사람들의 눈치를 살핀다. 게다가 청소년기는 정체성을 찾아가는 시기다.

'내가 누구인가?'라는 어렵고 복잡한 질문을 끊임없이 한다. '왜 여기에 살고 있지?', '나는 왜 태어났지?' 등의 질문들은 바로 정체성을 찾고자 하는 질문들이다. 아마 아이들은 속으로 엉엉 울고 있을 것이다. 자신이 불필요한 존재라 여기며 왜 태어났는지를 고민한다. 그런 아이들과 이야기를 하다 보면, 어린 시절의 경험이 나온다. 저마다 겪은 삶의 스토리가 있다. 툭 터놓고 이야기하면 어느덧 스스로 이유를 발견한다. 어떻게 해야 할지도 결국 스스로 잘 찾아간다.

아이는 물론이고 부모 역시 눈치 보지 않고 마음껏 울어도 괜찮다. 우는 모습이 아름답다. 눈물로 마음의 상처와 아픔을 씻어내야 한다. 눈치 보지 말고 울어라. 이제는 울음을 삼키고 참지 마라. 쏟아내고 털어내라. 눈물을 닦을 손수건은 언제나 준비되어 있다.

Chapter
3

아이의
닫힌 마음을 여는
눈높이 대화법

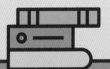

아이를 살리는
대화법은 따로 있다

인근 고등학교에서 있었던 일이다. 요즘 10대 아이들은 휴대전화 탓에 수업 시간에 집중하지 못하는 경우가 많다. 그 학교는 수업 시간에 휴대전화를 사용하면, 일정 기간 담임 선생님에게 맡기는 교칙이 있었다.

수업 시간에 한 학생이 휴대전화를 만지는 모습을 본 K 교사가 학생에게 앞으로 가져오라고 말했다. 학생은 강력하게 저항했다. 휴대전화를 사용하지 않았다는 것이다. K 교사는 휴대전화를 만지는 모습을 봤는데 사용하지 않았다고 하니 화가 났고, 언성이 높아졌다. 수업을 진행할 수 없었던 K 교사는 학생의 어머니께 전화를 했다. 전화를 받은 어머니는 학생을 바꿔

달라고 했다. 아무 말 없이 전화기를 들고 있던 학생이 조용히 교사에게 휴대전화를 건넸다. 어머니가 뭐라고 이야기한 걸까?

"○○아, 지금 선생님께 말씀 들었어. 엄마는 네가 그렇게 행동했다면, 그럴만한 이유가 있었을 거라고 생각해."

"……"

"지금 수업 시간이라서 다른 친구들한테 방해되는 것 같은데, 전화기를 선생님께 드릴 수 있겠니?"

엄마의 그 말 한마디에 학생의 마음이 녹아내렸다. 알고 보니, 휴대전화를 꺼두지 않아 생긴 일이었다. 문자가 도착해 전화기에 불이 들어왔고, 전원을 끄는 모습을 K 교사가 본 것이었다. 학생은 얼마나 억울했겠는가. 자기 때문에 수업을 못 하는 상황에 대해서도 마음이 불편했을 것이다. 나중에 친구들에게 "나 때문에 수업 진도를 못 나가게 돼서 미안해"라고 사과했다고 한다.

그 상황에서 어머니가 이렇게 말했다면 어떻게 됐을까?

"너 지금 뭐 하는 거야! 너 때문에 수업을 못 하신다잖아. 빨리 휴대전화 내! 학교 규칙을 지켜야지!"

"엄마, 전 사용하지 않았다고요!"

"그럼 선생님이 거짓말하신다는 거야? 너 집에서 보자!"

그러면 아이는 더 화가 나서 교실을 뛰쳐나갔을지도 모른다.

부모는 아이의 마음을 만지는 대화를 할 수 있어야 한다. 사람은 누구나 불완전한 존재이기 때문에 아무리 훌륭한 부모라도 자녀에게 상처를 줄 수 있다. 자녀도 마찬가지다. 가장 가까운 사람에게서 받은 상처는 깊고 오래간다. 부모와 아이는 서로를 용서하고 치유해주며 함께 성장하는 관계가 되어야 한다. 그런 관계로 나아가기 위해 부모는 아이의 마음을 살리는 대화를 해야 한다.

상대방의 눈을 보면 마음을 알 수 있다. 아무 말 없이 1분 동안 아이 눈을 바라본 적이 있는가? 1분이라는 시간이 엄청나게 길게 느껴질 만큼 어색할 것이다. 아이가 이야기를 할 때는 반드시 눈을 봐라. 일상생활에서 대화할 때 아이의 눈을 보면 마음을 알 수 있다. 대화하지 않을 때도 가만히 바라봐라. 따뜻한 햇살이 온 세상을 비추듯이 따뜻한 눈빛으로 아이를 비춰주어라. 아이의 마음이 따뜻해질 것이다.

아이의 심장 소리도 느껴봐라. 사춘기 아이는 부모가 안아주는 것을 거부할지도 모른다. 하지만 의외로 아이들은 부모 품에 안기는 것을 좋아한다. 낯설고 어색해서 거부할 수도 있지만, 꾸준히 시도해봐라. "엄마는 네가 자랑스러워"라고 말하며 머리를 쓰다듬어주어도 좋다. 가능하다면 가슴으로 안고, 심장이 뛰는 소리를 가만히 느껴봐라. 10초, 20초, 30초……, 시간을 늘리자. 아이의 존재만으로도 가슴이 벅차고 감사할 것이다. 부모의 이런 마음을 아이는 고스란히 느낀다.

아이에게 감사와 사랑의 마음을 매일 보내라. 우리의 잠재의식이 열려 있을 때, 특히 잠들기 전과 아침에 눈을 뜨자마자 실천하면 좋다. 말로 해도 좋고, 마음으로 생각해도 좋다.

"오늘 수고한 나에게 감사합니다. 내 몸과 마음이 건강하기를 바랍니다. 내 마음이 평화롭고 행복하기를 바랍니다. 매일 성장하고 있는 내가 참 좋습니다."

이렇게 자신의 마음에 말하고, 아이의 마음에도 말해주어라. 매일 이렇게 말해주면, 부모 마음의 에너지가 바뀌고 아이에게도 감사와 사랑의 에너지가 전달된다.

부모가 자녀를 사랑하는 것은 당연하다. 하지만 10대 아이들에게 질문해보면, '부모님이 자신을 사랑하지 않는다'고 느낀다는 답이 돌아온다. 부모의 마음을 제대로 만나고 느낀 경험이 없기 때문이다.

아이가 부모에게 서운한 감정을 이야기한다면, 두 팔 들고 환영해라. 그만큼 마음이 편해졌다는 증거다. 아이의 감정을 충분히 읽어주고 공감적 경청을 하면 된다. 그러면 부모에게 서운해했던 것을 미안해할 것이다. 부모도 아이에게 서운한 것이 있다면, 그 감정을 이야기할 수 있다. 단, 부드럽게 표현해야 아이가 상처를 받지 않는다.

"○○이가 문을 쾅 닫고 들어갈 때마다 보이지 않는 벽이 가로막는 것 같아 답답하고, 엄마를 거절하는 것 같아서 마음이 아파. 혼자만의 시간이 필요하다면, 미리 이야기해줄래?"

이런 식으로 감정을 솔직하게 말해주면 아이도 부모의 마음을 이해하게 된다.

때로는 말로, 행동으로 표현해주어야 한다. 엄마, 아빠가 이렇게 열심히 살아가는 이유는 아이를 사랑하는 마음, 아이가 건강하고 행복하게 살아가길 바라는 마음, 남부럽지 않게 누리며 살길 원하는 마음이라는 걸 말해주어야 한다. 속마음은 말하지 않으면 알 수 없다.

"○○이는 좋은 대학 가서 과외도 하는데 너는 잠이나 자고 있냐?"

이렇게 말하면 '아, 우리 엄마는 나를 사랑하셔서 내가 좋은 대학 가서 편하게 살기를 원하시는구나'라고 생각할까? 절대 아니다. '엄마는 나를 미워해. 나를 부끄러워해'라고 생각한다.

"아유, 소중한 우리 딸. 낮잠을 2시간이나 자는 걸 보니, 많이 피곤한가 보구나."

이렇게 말해야 '엄마가 나를 사랑하시는구나……. 낮잠을 많이 자긴 했네. 공부를 좀 할까?' 하고 생각하게 된다.

이런 대화를 할 때, 어금니 꽉 깨물고 화를 억누르는 모습이라면 전혀 설득력이 없다. 우리 마음에는 에너지가 있어서 엄마 마음의 에너지가 아이에게 전달되기 때문이다. 아이의 마음을 살리기 위해서는 마음으로 만나는 대화를 해야 한다.

몇 년 전에 교직에 회의감을 느끼고 슬럼프에 빠진 적이 있다. 교사라는 직업이 하찮게 여겨졌다. 아무리 노력해도 아이들이 내 마음을 몰라주는 것 같아 속상했다. 나로서는 좀더 좋은 교사가 되기 위해 방학 때면 연수에 참여했다. 배우고 정리해서 아이들에게 잘 적용해봐야겠다는 다짐을 하며 새 학기를 맞이했다. 연수를 들을 때는 잘될 것만 같았는데, 막상 내 교실에서는 전혀 먹히지 않았다. 새로운 것을 배우고 적용하고 실망하고를 반복하던 나는, 어느 해부턴가 더는 연수를 신청하지 않았다. 대신 내 마음을 들여다보기 시작했다.

'내가 아이들에게 원하는 것은 뭘까?'

'내가 생각하는 좋은 교사는 어떤 사람일까?'

'나는 아이들과 어떤 관계를 맺고 싶은 걸까?'

이런 생각들을 하면서 내 마음을 정리해봤다. 정말 중요한 것은 어떤 도구나 방법이 아니라 아이들의 마음을 만나고, 서로 소통하는 것이라는 사실을 깨달았다. 그 후로 아이들과 더 깊이 대화하고, 마음을 알기 위해 노력했다. 그러면서 내 마음도 조금씩 회복됐다. 교사로서 아이들을 만나는 것이 정말 행복하다는 것을 새삼 느끼게 됐다.

부모가 자신과 아이에 대해 어떤 믿음을 가지고 있느냐에 따라 아이의 마음이 달라지고, 아이는 마음에 따라 말과 행동이 달라진다. 말과 행동이 달라지면 삶이 달라진다. 아이를 살리고 성장시키고 싶은가? 그렇다면 아이의 마음부터 살리면 된다. 아이의 마음을 살리는 대화를 하나씩 시도해보자. 그러기 위해서는 부모의 마음에 감사와 사랑을 먼저 채워야 한다. 그러면 말로 잘 표현하지 못해도 아이의 마음을 살리는 대화를 하게 된다. 부모의 사랑이 아이를 살린다는 사실을 꼭 기억하자.

자존감을 높이는 칭찬하기

초등학생 때 서예를 배운 적이 있다. 4학년 때 시작해서 2년 동안 배웠다. 원장 선생님이 수제자로 삼고 싶다고 말씀하실 정도로 또래 아이 중에서 내 필체가 돋보였다. 원장님이 한 장 써서 주시면, 그걸 보고 따라 썼다.

한번은 원장님이 쓴 종이 위에 화선지를 올려놓고 따라 써봤다. 베껴 썼으니 당연히 필체가 비슷했다. 원장님은 활짝 웃으시더니, 그 후로는 나를 보실 때마다 칭찬하셨다. 마음이 불편했다. '사실 베껴 쓴 건데……, 내 실력이 형편없다는 게 들통나면 어떻게 하지?'라는 생각으로 그 자리를 피하고 싶었다. 결국 6학년이 됐을 때, 서예를 그만두었다.

중학교 2학년 때 영어 회화 학원에 다닌 적이 있다. 새벽에 가는 학원이라 빠지는 날도 있을 것 같았지만 나름대로 용기를 내어 등록했다. 첫날 레벨 테스트를 했다. 그냥 감으로 대충 풀었는데 다 맞혔다. 선생님이 "영어 배운 적 있니? 엄청나게 잘하는데?"라며 칭찬하셨다. '내 영어 실력은 잘하는 수준이 아닌데…… 조금만 지나면 실망하시겠지?'라는 생각이 들면서 마음이 불편했다. 두 달 만에 영어 학원을 그만두었다. 지나고 생각해보니, 나는 꽤 성실한 학생이었다. 서예든 영어든 꾸준히 했다면 성장하는 데 큰 도움이 됐을 것이다.

'칭찬은 고래도 춤추게 한다'는 말이 있다. 하지만 나에게 칭찬은 추던 춤도 멈추게 했다. 그 이유가 뭘까? 바로 나의 낮은 자존감 때문이었다. 자존감이 낮은 사람은 칭찬에 이중적인 태도를 갖고 있다. 남에 대해서는 관대한 기준을 가지고 사소한 것들도 칭찬한다. 하지만 자신에 대해서는 가혹하고 높은 기준을 갖고 있다. 혹시라도 실수하면 금세 비난으로 바뀔 것 같아 칭찬받는 것을 오히려 불편해한다. 지금 칭찬해주는 사람도 결국 자신에게 실망하게 될까 봐 겁을 낸다. 자신이 부족한 사람이라는 것이 드러날까 봐 노심초사한다.

어린 시절부터 칭찬이나 인정을 받은 경험이 없는 아이는 칭찬받는 것이 몸에 맞지 않는 옷을 입은 것처럼 어색하다. 더욱

이 아이가 공부를 잘하고 예의가 바르며 책임감 있게 일을 마무리해야만 칭찬을 받을 수 있었다면, 자신에 대한 칭찬의 기준이 엄격할 수밖에 없다. 자신이 칭찬받을 만한 권리 또는 자격이 없다고 생각한다. 특히 부모님과 정서적으로 친밀한 교감을 나누기 힘든 상황이었다면, 자신을 비춰주는 긍정적인 거울이 없었기 때문에 스스로 가치가 없다고 여길 수도 있다.

"우와, 최고야."

"정말 날씬하구나."

"잘생겼어."

누군가가 이런 칭찬을 한다면 어떻게 반응하겠는가? 물론 나를 향해 최고라고 말해주고 외모를 칭찬해주는 말을 들으면 기분이 좋을 것이다. 하지만 뭔가 모르게 불편하거나 거북할 수 있다.

'최고까지는 아닌데……', '요즘 2킬로그램이나 늘었는데 뭐가 날씬하다는 거야?', '난 잘생긴 얼굴은 아닌데……' 등의 생각과 함께 상대방의 칭찬이 입에 발린 소리처럼 느껴질 수도 있다.

몇 년 전, 큰아들이 동생과 함께 태권도 등·하원을 같이 하는 것이 고마워서 칭찬을 했다.

"동생 잘 돌봐줘서 고마워."

그 후로 큰아들은 동생과 꾸준히 태권도를 함께 다니면서 직장 맘인 나를 도와주었다. 그런데 어느 날 큰아들이 울먹이며 말했다.

"엄마, 너무 힘들어요. 동생 데리고 태권도 갈 때마다 너무 짜증 나서 더는 못 하겠어요."

그때까지 나는 큰아들이 그렇게 힘들어한다는 걸 몰랐다. 엄마가 칭찬을 해주니까 참으면서 해왔던 것이다. '아직 어린데, 동생 챙기느라 얼마나 힘이 들었을까⋯⋯' 생각하니 미안함에 가슴이 아렸다.

칭찬을 하려면 제대로 해야 한다. 남발하면 오히려 부작용이 생길 수 있다. 칭찬할 때는 상대방의 노력과 노력을 통해 성취한 것에 대해 구체적으로 이야기해야 한다. 상대방의 행동으로 나에게 어떤 유익이 있는지도 솔직하게 말해주면 좋다.

예를 들어, 아이가 자기 방 청소를 했다고 하자. 시키지도 않았는데, 스스로 책상을 정리하고 방을 쓸었다. 그럴 때 어떻게 칭찬하면 좋을까? 단순히 "착하네", "네가 없으면 엄마가 어떻게 살겠니?"라고 말하는 것은 칭찬이 아니다. 이런 말은 아이에게 걱정과 불안을 안겨줄 수 있다. 오히려 나쁜 행동을 함으로

써 자신의 본모습을 일찌감치 폭로해야겠다는 생각을 하게 할 수도 있다.

칭찬은 자신에게 긍정적인 피드백을 할 수 있도록 해주는 것이 중요하다. 앞과 같은 상황일 때, 이렇게 말해보자.

"방이 지저분했는데 책상 위 물건들을 잘 정리하고 바닥도 쓸었구나. 깨끗해진 방을 보니까 기분이 어떠니?"

"좀 힘이 들긴 했지만, 기분이 좋네요."

"그래, 스스로 하는 모습에 엄마도 뿌듯하단다."

"엄마가 좋아하시니 저도 좋아요. 앞으로도 자주 청소해야겠어요."

이런 대화를 통해 아이 스스로 성취감을 느낄 수 있도록 해야 한다.

칭찬할 때도 결과보다 과정과 태도에 집중해야 한다. 또한 구체적인 행동, 사실을 칭찬하고 다른 사람과 비교하지도 않아야 한다. 좋은 성적을 받을 때만 칭찬하고 안아준다면, 자신을 존중하는 마음은 점점 사라질 것이다.

큰아들은 학교에서 매일 아침 육상부 훈련을 받는다. 800미터 달리기 선수로, 학교 대표로 대회에도 나갔다. 직장 맘인 나는 경기를 보지 못했다. 그날 저녁, 아들은 순위에 들지 못했다며 아쉬워했다. 나는 아들과 이렇게 대화했다.

"지금까지 대회를 준비하면서 하루도 빠짐없이 훈련한 걸 엄마는 다 알고 있어. 네가 결승점을 통과하는 모습을 생각만 해도 가슴이 벅찬걸. 너는 어때?"

"맞아요. 좀 아쉽기는 하지만 내가 생각해도 열심히 한 것 같아요. 다음에는 순위에 들어서 도 대회에 나가면 좋겠어요."

"그치? 꼭 그렇게 되면 좋겠다. 오늘 수고한 자신한테 뭐라고 이야기해주고 싶어?"

"음⋯⋯. '수고 많았어, 최고야!'라고 말해주고 싶어요."

상을 받지는 못했지만, 대회를 준비하는 과정에서 성실하게 훈련한 것과 잘하고 싶어 하는 그 마음을 칭찬해주고 싶었다.

교사와 학생, 부모와 자녀 간에 신뢰가 형성되기 어려운 이유는 어른들이 일방적으로 아이의 자존감을 누르는 경우가 많기 때문이다. 자존감이 낮은 학생은 수업의 중심에 서지 못하고, 비딱한 시선으로 교사를 바라보거나 지나치게 기가 죽어 있다. 자존감이 낮은 자녀는 쉽게 화를 내고, 무기력에 빠지기도 한다. 이런 아이에게는 칭찬이 절실하다. 제대로 된 칭찬은 자존감을 높여준다.

그러려면 먼저 부모가 자신을 인정해주고 칭찬해주어야 한다. 엄마, 아빠의 자리를 지키고 있다는 것만으로도 칭찬받아 마땅하다. 더 잘해야 한다는 부담감은 내려놓자. 지금 일상을 살아가고 있는 것 자체가 아름다운 모습이다. 이 책을 손에 든 당신은 자녀를 잘 키우기 위해 책 읽는 노력을 하는 훌륭한 부모가 아닌가.

이제, 있는 그대로의 아이 모습을 인정하고 칭찬하자. 아이가 스스로 씻고, 걷고, 학교에 다니고, 일상생활을 하는 것이 얼마나 감사한 일인가. 아이의 존재를 감사히 여기고 작은 실천과 노력에도 칭찬을 아끼지 않는다면, 아이의 자존감은 올라갈 것이다. 매일 밤 잠들기 전에 오늘 하루를 잘 살아준 자신과 아이를 칭찬해주길 바란다. 눈에 보이는 것만이 아니라, 보이지 않는 과정과 노력에 대해 충분히 칭찬하면 좋겠다. 아이와 부모 모두 얼마나 애쓰고 노력하며 살고 있는지 당신 자신이 누구보다 잘 알고 있지 않은가!

가족이 함께 앉아
이야기를 나눠보자!

엄마를 위한 눈높이 연습 TIP

아이를 인정하고 칭찬하기

➡ 아이와 함께 존재 자체에 감사한다.

➡ "지금까지 잘 해왔어. 수고했어"라고 말해준다.

➡ 잠들기 전, 아이와 나 자신에게 "오늘 하루도 수고 많았어!"
라고 말해준다.

➡ 하루 한 번 "네가 있어서 고마워"라고 말해준다.

➡ 아이가 노력하는 모습을 보일 때 그 순간을 놓치지 않고 즉
시 칭찬한다.

➡ 성실, 열정, 용기 등 아이가 지닌 미덕을 적극적으로 찾아 칭
찬한다.

➡ 아이의 행동이 나에게 어떤 유익이 있는지 구체적으로 말해
준다.

➡ 아이와 함께 평소 관계가 힘든 한 사람을 떠올리고, 그 사람
의 장점을 찾아 칭찬의 말을 적어본다.

진정한 도움이 되는
피드백하기

한국코치협회에서 주관하는 코치 자격증이 있다. 프로 코치 자격증을 가진 코치가 예비 코치들이 코칭하는 것을 보고 피드백하는 과정을 '멘토 코칭'이라 한다. 처음 코칭을 배우고 실습할 때는 잘하고 싶은데 말이 나오지 않아 답답했다. 멘토 코치님이 피드백을 구체적으로 주시면 좋겠는데 대부분은 한두 가지 언급만 해주셨다. 또 '이건 잘못한 거다'라는 피드백은 주면서 어떻게 해야 할지는 알려주시지 않았다. 당시 더 가르쳐주시면 좋겠다는 간절함이 있었기에, 그 후로 내가 멘토 코칭을 할 때는 최선을 다해 구체적으로 피드백을 드린다.

한번은 멘토 코칭을 하다가 마음이 불편했던 적이 있다. 전반적으로 잘한 부분을 말씀드리고, 코칭 순서에 따라 세세하게 피드백을 주는 편인데, 예비 코치 역할을 하신 분이 이렇게 말씀하셨다.

"피드백도 잘 줘야 마음이 안 상하는데……, 피드백을 잘 주는 방법에 대해 생각해보시는 게 좋겠어요. 이것도 못하고 저것도 못했다고 말씀하시니까 기분이 안 좋네요."

머리가 땅했다. 지금까지 많은 분께 피드백을 드렸는데 이런 반응은 처음이었다.

그동안은 "이렇게 세세하게 말씀해주시니 정말 좋아요. 도움이 됐어요", "구체적인 피드백은 처음 받아봅니다. 감사합니다", "코치님을 만나서 행운입니다. 많은 도움이 됐습니다" 등의 반응이 대부분이었다. 그래서 피곤해도 뿌듯한 마음으로 잠자리에 들었는데, 그날은 마음이 불편해서 잠이 오지 않았다. 이런 상황 또한 나에게 좋은 배움의 순간이라는 것을 인식하고 나서야 잠이 들었다. 그분의 반응에 속이 쓰렸다. 하지만 그것이 나를 겸손하게 만들었다. 그날부터 더 좋은 피드백을 하기 위해 고민하게 됐다.

JTBC「속사정 쌀롱」에서 진중권은 멘토와 꼰대의 차이를 이렇게 말했다.

"멘토와 꼰대 모두 충고를 한다. 다만 멘토는 남이 요청했을 때 하고, 꼰대는 남이 원하지도 않았는데 한다."

내가 좋은 의도에서 피드백을 준다고 해도, 상대방이 원하지 않으면 꼰대가 될 수 있다. 나는 그날 피드백을 줄 때 상대방이 들을 준비가 되어 있는지 확인하지 않았다. 사실 그분은 잘한 점에 대해 많은 피드백을 받고 싶었을지도 모른다. 인정과 칭찬이 더 필요한, 지친 하루였을지도 모른다.

좋은 의도라 할지라도 들을 준비가 안 되어 있고, 들을 생각도 없는 사람에게 피드백을 주는 것은 전혀 도움이 되지 않는다. 마치 도로에서 갑자기 끼어드는 자동차처럼 불편하고 당황스럽다. 그날의 배움을 바탕으로 다음부터 피드백을 드릴 때는 미리 물어보기로 했다.

"저는 전반적으로 잘한 점을 말씀드리고, 코칭하신 내용을 세세하게 짚어드리는데 괜찮을까요? 개선할 점에 대해 구체적으로 말씀드릴 수도 있는데 불편하시면 말씀해주세요. 전체적으로 요약해서 두세 가지 피드백을 드릴 수도 있습니다. 혹시 원하는 피드백 스타일이 있으시면 말씀해주셔도 좋아요."

이렇게 합의를 보고 시작했고, 코칭에 대한 피드백을 받은 그분은 매우 만족해하셨다. 피드백은 받는 사람의 성장을 위해 느낌과 요청을 진정성 있게 전달하는 것이다. 상대방을 비난하거나 시비를 가리기 위한 것이 아니다. 성급한 판단이나 비난, 가정을 하지 않고 중립적으로 피드백을 줄 때 상대방을 스스로 깨닫게 된다. 이때 중립적 언어를 사용하는 것이 중요하다. 당연히 아이에게 피드백을 줄 때도 이런 점을 주의해야 한다.

우리 반에는 지각을 자주 하는 학생이 있었다. 9시까지 교실에 들어와야 하는데, 9시 5분 전후로 도착했다. 지각을 계속하면 입시에도 지장이 생긴다.

이때 "넌 왜 맨날 지각이니. 정신이 있는 거야, 없는 거야?"라고 말하면 좋은 피드백이 아니다. 아이로선 '맨날'이라는 말이 걸릴 것이다. 도리어 '맨날은 아닌데? 어제는 일찍 왔는데?'라고 생각하며 반감을 품을 것이다. '정신이 있는 거야, 없는 거야?'라는 표현에도 감정이 상할 것이다. 그러면 결국 본인이 잘못했다는 걸 알면서도 인정하지 않게 된다.

반대로 이렇게 피드백을 하면 어떨까?

"지금 9시 5분이네. 이번 주에 무단지각 세 번째야. 10분 일찍 일어나서 학교에 오면 좋겠다."

말하는 사람의 판단이나 의도가 들어가지 않은 중립적인 언어를 사용했기 때문에 아이의 감정이 상할 일은 없다. 자신의 무단지각 횟수가 많다는 사실을 인식하고 '내일부터 일찍 와야지'라고 다짐할 가능성이 커진다.

　평소 부모가 피드백을 잘하면 아이는 자신의 내면을 성찰하게 된다. 하지만 잘못된 피드백을 하면 마음의 문을 닫아버린다. 예를 들어 모든 아이는 당연히 공부를 잘하고 싶어 하고, 부모도 아이가 공부를 잘하길 진심으로 원한다. 그런데 아이가 공부를 잘하고 싶어 하면서도 복습을 하지 않는 모습을 보면 부모는 답답하고 화가 난다.

　"이러니까 공부를 못하지. 도대체 게임을 몇 시간째 하는 거야. 언제쯤 정신 차릴래?"

　"엄마, 또 왜 그래요. 내내 공부하다가 컴퓨터 켠 지 30분도 안 됐는데……."

　"엄마가 다 지켜보고 있었는데 무슨 소리야. 지금 ○○이는 주말에 온종일 학원에서 공부하고 온다는데, 너는 생각이 있는 거니? 대학은 어떻게 갈 거야?"

　답답한 마음에 쏟아내는 말, 비교의 말에 아이는 방문을 닫고 마음의 문도 닫아버린다. 반대로, 이렇게 말해보면 어떨까?

　"○○아, 오후 4시부터 지금까지 컴퓨터 앞에 앉아 있네?"

　"아, 얼마 안 지난 것 같은데 벌써 이렇게 됐네요?"

　"○○이가 쉬고 싶은 마음이 큰가 보네. 평일에는 학원에 다니니 복습할 시간이 주말밖에 없잖아. 어떻게 하면 좋을까?"

"사실 게임을 더 하고 싶긴 한데요. 7시 되면 저녁 먹고 도서관에 갈게요. 집에 있으니까 자꾸 게임을 하게 되네요."

"그래, 좋은 생각이다. 엄마는 ○○이가 스스로 선택하고 책임지는 사람이 되면 좋겠어. 지금처럼 시간을 쓰면 3개월 후에 어떤 모습일까?"

"음……. 시험 치고 나서 좀 후회할 것 같아요."

"그렇구나. 엄마도 이 시기에 ○○이가 후회하는 일이 없도록 최선을 다하면 좋겠어."

"네, 엄마. 좀 더 노력할게요."

부모는 아이가 지금처럼 행동할 경우 어떤 책임을 져야 할지 생각해보도록 도와야 한다. 피드백을 통해 아이가 스스로 선택하고 책임질 수 있도록 돕는 것이 중요하다.

아이에게 피드백을 할 때 '나'를 주어로 하는 훈련도 해보자. 아이의 행동에 대해 내가 느낀 점, 그 행동이 나에게 미치는 영향을 구체적으로 이야기할 때 더 분명한 피드백이 될 수 있다.

예를 들어 칠판을 닦지 않아 분필 가루가 가득하다면 칠판 청소 담당인 학생에게 이렇게 말한다.

"분필 가루가 날리면 우리 교실에 있는 모든 친구가 숨쉬기 힘들어져. 미세먼지도 많으니 점심시간과 청소 시간, 하루에 두 번씩 분필 가루를 닦아주겠니? 네 역할이 중요하단다."

이렇게 청소의 중요성을 구체적으로 언급해주면, 아이는 귀찮더라도 더 신경 써서 청소하게 된다.

때로는 피드백이 필요한데, 비난이나 판단하는 마음이 있을 때는 제대로 된 피드백을 줄 수 없다. 아이의 성장을 돕고 싶다는 진실한 마음으로 중립적 언어를 사용해보자. 진정성 있는 피드백은 아이를 성장시킨다.

가족이 함께 앉아 이야기를 나눠보자!

엄마를 위한 눈높이 연습 TIP

아이에게 피드백하기

➡ 부모로서 판단, 분석하는 마음을 내려놓는다.

➡ 자책하거나 비판하는 생각과 말을 하고 있다면 바로 멈춘다.

➡ 화가 난 상황을 사진 찍듯이 관찰하고 말로 표현해본다.

➡ 아이의 말이나 행동이 나에게 어떤 영향을 주는지 구체적으로 말한다.

➡ 아이의 말이나 행동으로 도움을 받았다면 즉시 감사의 마음을 표현한다.

➡ 아이가 들을 준비가 되어 있을 때 피드백을 한다.

➡ 피드백을 하기 전, 아이에게 도움이 되는지 세 번 이상 점검한다.

부모가 먼저
좋은 질문하기

세계적인 사이클 선수인 랜스 암스트롱Lance Armstrong은 한창때 말기 암 선고를 받았다. 충격적인 선고에도 그는 좌절하지 않고 어떻게 하면 치료를 받으면서도 계속 운동할 수 있을지 고민했다. 주변에서는 희망을 버렸지만, 그는 포기하지 않고 운동을 계속했다. 그 결과 1년도 채 살지 못한다는 선고를 듣고도 약 3년 뒤 국제대회에 나가 우승을 거머쥐었다.

이는 긍정의 효과다. 그는 '왜 나는 암에 걸렸을까?'라고 비관적으로 생각하지 않고, '어떻게 하면 치료를 받으면서 계속 연습할 수 있을까?'를 되뇌었다. 포기하지 않고 긍정의 질문을 계속 떠올렸기에 이에 답하며 훈련한 결과 병을 딛고 일어설 수 있었다.

리더십 전문가 존 맥스웰John Maxwell은 우리 인생에서 수많은 가능성을 마주하게 되는데, 그 가능성을 열기 위해서는 끊임없는 질문을 해야 한다고 말했다. 어떤 질문을 하느냐에 따라 수천, 수만 개의 가능성이 올 수도 있고 반대로 그렇지 않을 수도 있다. 질문에는 힘이 있다. 질문을 하면 생각을 자극하게 되고 상대방의 생각, 감정, 욕구를 알 수 있다. 질문을 거듭함으로써 자신을 성장시킬 에너지를 발견하고 실천 계획도 세울 수 있다. 또한 상대가 다양한 관점에서 자신을 성찰하고 해결책을 찾을 수 있도록 돕는다.

그렇다면 아이에게 좋은 질문을 하려면 어떻게 해야 할까?

첫째, 경청하고 관찰하며 질문한다. 그래야 어떤 질문을 하는 게 도움이 될지 분별할 수 있다.

둘째, 닫힌 질문, 유도식 질문, 부정 질문이 아니라 열린 질문, 중립 질문, 긍정 질문을 해야 한다.

닫힌 질문은 예를 들어 성적이 안 좋은 아이에게 "공부 열심히 했어?"라고 묻는 것이다. 이렇게 물으면 "예" 또는 "아니요"라고 대답하는 데서 그칠 것이다. 닫힌 질문은 닫힌 답을 끌어낸다. "다음 시험에서 성적을 좋게 하려면 뭘 해야 할 것 같아?"와 같이 다양한 가능성을 생각하게 하는 열린 질문을 해야 한다.

유도식 질문은 부모가 의도를 가지고 질문하는 것이고, 중립 질문은 부모의 의견이나 판단을 담지 않고 모든 가능성을 열어놓는 질문이다. 즉, "성적을 올리려면 공부를 해야 하지 않을까?"라고 하면 유도식 질문이고, "성적을 올리려면 무엇을 해야 할까?"라고 하면 중립 질문이다. 첫 번째 질문에는 '공부해야 한다'라는 의도가 내포되어 있다. 이런 질문은 아이에게 도움이 되지 않는다. 중립적으로 질문할 때 생각이 확장된다.

부정 질문은 예를 들어 아이가 실수했을 때 "도대체 무슨 생각으로 그런 거야?"라고 묻는 것이다. 혼내는 것과 다름없는 질문이다. 아이는 뭔가 잘못한 것 같고, 책망받는 기분이 들 수 있다. 아이를 비난하는 마음, 부정적 관점에서 질문하기 때문이다. "다시 그 상황이 되면 이번에는 어떻게 해볼 수 있겠어?"라고 하면 긍정 질문이다. 이렇게 물었을 때 아이는 다음에 어떻게 해야 할지 구체적으로 생각해볼 수 있고, 대책을 세울 수 있다. 아이를 신뢰하며 긍정적인 관점으로 하는 질문이 긍정 질문이다.

셋째, 가능성을 열어가는 질문을 한다.

"자신감이 생기면 무엇이 달라질까?"

"좋은 사람이란 어떤 사람일까?"

"친구가 이 문제로 고민한다면 어떤 조언을 해주겠니?"

"10년 후 네가 원하는 일을 하고 있다면, 과연 너는 어떤 모습일까?"

이런 질문을 받으면 아이는 자신의 문제점과 해결책을 발견하게 된다.

넷째, 아이의 강점과 호기심을 자극하는 질문을 한다. 아이에 대한 호기심을 가지고 새로운 것을 발견하며 대화한다. 이때는 부모가 섣부른 판단을 하지 않는 것이 중요하다.

"네가 정말 원하는 게 뭔지 알려줄래?"

"너는 무엇을 할 때 제일 기분이 좋아?"

"돈이나 시간의 제한이 없다면 무엇을 하고 싶어?"

이런 질문들에 답하다 보면, 아이는 정말 원하는 것을 깨닫게 되고 성장을 위한 실천 계획들을 세우게 된다.

다섯째, 답변과 질문 사이에 침묵을 활용한다. 질문을 했는데 아이가 생각 중이라면 잠시 기다린다. 침묵이 어색하다고 질문을 반복하거나, 다른 말을 꺼내면 안 된다. 생각하는 동안 아이의 뇌는 똑똑해진다. 질문이 한 번도 생각해보지 못한 내용이어서 그럴 수도 있으니 기다려주는 여유가 필요하다.

여섯째, 자문할 때도 스스로 해결책을 찾는 데 도움이 되는 질문을 한다. 예컨대 다음과 같은 질문은 좋지 않다.

"내가 왜 그랬지?"

"나는 왜 이렇게 체력이 약하지?"

"나는 왜 늦잠을 잘까?"

질문을 이렇게 바꾸어야 한다.

"내가 그렇게 한 이유가 뭘까?"

"체력을 키우기 위해 나는 무엇을 할 수 있을까?"

"새벽 5시에 일어나기 위해 어떤 시도를 해볼 수 있을까?"

부모라면 꼭 좋은 질문을 하는 습관을 지니라고 당부하고 싶다. 그러면 아이는 부모의 질문에 답하면서 성장하게 될 뿐만 아니라, 부모처럼 다른 사람들에게 질문하기 시작한다. 좋은 질문을 하는 습관이 가정을 행복으로 인도할 것이다.

가족이 함께 앉아 이야기를 나눠보자!

엄마를 위한 눈높이 연습 TIP

아이에게 질문하기

➡ '왜일까'가 아니라 '어떻게 하면'이라고 질문한다.

➡ 다양한 생각을 할 수 있는 열린 질문을 한다.

➡ 판단, 의도를 내려놓고 중립적인 질문을 한다.

➡ 호기심을 가지고 긍정적인 마음으로 질문한다.

➡ '~되면 어떤 점이 좋아질까?'라고 질문한다.

➡ '정말 간절하게 원하는 것이 무엇이니?'라고 질문한다.

➡ 현재 상황을 해결하기 위해서 지금 당장 무엇부터 해야 할지 질문한다.

공감하며
귀 기울여 듣기

아들이 초등학교 2학년 때 일이다. 학교에 신발주머니를 두고 와서 함께 다시 간 적이 있다. 복도에서 아들이 신발주머니를 챙기는 사이, 한 여학생이 교실로 들어가는 모습이 보였다. 그 여학생은 웃는 얼굴로 담임 선생님께 아주 공손하게 두 손을 모으고 인사를 했다.

"안녕하세요? 제가 코트를 두고 갔는데, 지금 가져갈게요."

"어, 그래."

선생님은 일을 하느라 바쁘셨는지 모니터를 보고 계셨다. 그 여학생은 다시 두 손을 모으고 공손하게 인사를 하고 나갔다.

"안녕히 계세요."

"어, 잘 가."

여학생은 교실 문을 열고 나와 고개를 떨궜다. 학생이 들어와서 나갈 때까지 선생님의 눈은 모니터에 있었다. 학생의 인사를 받아주고 '잘 가'라는 인사도 했지만, 대화를 한 것은 아니다. 선생님은 학생의 말을 경청하지 않았다.

경청은 '기울어질 경傾'에 '들을 청聽' 자를 쓴다. 기울여 듣는다는 뜻이다. 그중 '경'은 '기울일 경頃'과 '사람 인人'으로 이루어진 한자다. 사람이 스스로 숙이고 기울여 마음을 쏟아내고 온전히 비운다는 뜻이다. '청'은 '임금 왕王', '귀 이耳', '열 십十', '눈 목目', '하나 일一', '마음 심心'으로 이루어진 한자다. 귀로 들을 때는 임금처럼, 열 개의 눈을 가지고 상대방과 한마음으로 몰입하라는 뜻이다. 즉, 경청은 마음을 비우고 눈에 보이는 것과 보이지 않는 것을 보는 행위다. 상대방에게 몸과 마음을 기울여 한마음으로 듣는 것이다.

머레이비언의 법칙The law of Mehrabian에 따르면, 말이 전달하는 메시지는 7퍼센트에 불과하다. 말하는 사람의 표정, 몸짓, 음성, 어조 등 말로 표현되지 않는 것이 93퍼센트라고 한다. 상대방의 말만 듣는 것은 진정한 소통이 아니다. 경청을 훈련하고, 실생활에 적용한다면 많은 관계가 회복될 것이다.

경청의 수준에는 네 단계가 있다.

1단계는 배우자 경청spouse listening이다. 단어가 참 재미있다. 가까운 사람의 말을 잘 안 듣기 때문에 생긴 용어일까? 배우자 경청은 예컨대 TV를 보면서 건성으로 듣는 것과 같다. 보통 가정의 남편과 아내의 모습에서 배우자 경청을 엿볼 수 있다. 야구 중계를 보고 있는 남편에게 질문을 하면 "잠깐만, 이것만 보고"라거나 "미안, 못 들었어. 아까 뭐라고 말했어?"라는 대꾸가 돌아온다. 이런 상황에서는 대화가 더 이어지지 못한다.

2단계는 수동적 경청passive listening이다. 우선 크게 집중하지 않고 상대방이 말하도록 두는 것을 말한다. 배우자 경청보다는 낫지만, 수동적으로 경청하면 말을 하는 사람이나 듣는 사람이나 주제에 집중하지 못한다. 이야기가 산으로 가거나, 어디까지 들었는지 기억을 못 하는 등 주의가 산만해진다.

나도 그런 실수를 할 때가 있다. 퇴근하고 집에 오면 저녁 식사를 한 후 설거지를 한다. 설거지를 할 때 옆에 아들들이 와서 이런저런 이야기를 한다. 분주한 마음에 "응응. 엄마 듣고 있어. 그냥 말해"라고 하기 일쑤다. 나는 설거지하느라 이야기의 내용에 집중하지 못한다. 그러면 아들들은 이내 시무룩한 얼굴로 "아니에요. 그냥 나중에 이야기할래요"라며 방으로 들어간다.

아차 싶어 설거지를 그만두고, 방으로 따라간다.

"엄마가 아까 제대로 못 들었네. 다시 말해줄래?"

하지만 아들은 "지금은 말할 기분이 아니에요"라며 책상에 엎드린다. 말하고 싶어 하는 타이밍을 놓쳐버린 것이다. 이처럼 수동적 경청도 상대방과 소통을 했다고 보기 힘들다.

3단계는 적극적 경청active listening이다. 말하는 사람에게 최대한 집중하고 공감하는 방법이다. 상황에 맞춰 맞장구도 친다. "어머! 놀랐겠네", "그런 일이 있었어?" 등의 추임새를 넣으면서 말이다. 그러면 말하는 사람은 존중받는다고 느껴 더 깊은 이야기를 하게 된다.

앞서 이야기한, 아들의 초등학교 2학년 때 선생님이 그 여학생에게 적극적 경청을 해주었다면 어땠을까?

"안녕하세요? 제가 코트를 두고 갔는데, 지금 가져갈게요."

"코트를 두고 가서 다시 왔구나. 잘 챙겨서 가렴."

눈을 보고 웃으며 이렇게 말씀하셨다면, 그 여학생은 교실 문을 열고 나와 웃으며 뛰어갔을 것이다. 일상생활에서 적극적 경청을 하면, 상대방은 존중받는 느낌을 경험하게 된다.

4단계는 맥락적 경청contextual listening이다. 말 자체만이 아니라 어떤 맥락에서 나온 말인가를 헤아리며 듣는 것, 즉 말하지 않는 것까지도 스스로 파악해 듣는 것이다. 경청의 최고 경지에 이르면 맥락적 경청이 가능하다. 상대방의 이야기를 주의 깊게 듣다 보면 겉으로 드러내지 않는 마음까지 읽을 수 있다.

나를 찾아오는 학생들 중에 말로 표현을 잘 못하는 아이들이 있다. 그런 경우 호흡, 눈빛, 손동작, 목소리, 다리 움직임 등에 집중하며 들어야 한다. 얼마 전 수업 시간에 계속 엎드려 있는 학생과 15분 정도 대화를 하게 됐다. 학생은 바닥을 보고 있었고, 목소리에 힘이 없었다. 미세한 떨림이 있었고, 손톱을 물어뜯었다. 나는 천천히 호흡을 했다. 학생의 손을 조용히 잡았다. 잠시 함께 호흡을 했다.

"지금 뭔가 불편하고, 답답하고, 외로운 것 같은데 맞아?"

"네. 공부 스트레스 때문에 답답한데, 외로움이 제일 큰 것 같아요."

이처럼 상대방의 감정과 욕구를 듣는 것이 맥락적 경청이다. 맥락적 경청을 하면 깊이 있는 대화를 할 수 있다.

이상의 4단계를 넘어 상대방의 이야기에 공감하며 맥락적으로 경청하는 것이 바로 '공감적 경청'이다. 공감적 경청은 듣는 사람이 마음을 비워야 가능하다. 겸손한 태도로 들어야 한다. 즉, 'I am OK, You are OK' 패러다임에서 출발한다. 상대방이 말하는 동안, 나는 무슨 말을 할까 생각하지 않는다. 판단이나 해석을 잠시 내려놓고, 상대방의 감정과 의도를 파악하며 듣는다.

공감적 경청은 마음의 에너지를 올리는 데 반드시 필요하다. 여기서 핵심은 '공감'이다. 너무 힘들 때는 누군가가 옆에 같이 앉아만 있어도 위로가 된다. 아무 말 하지 않고 따뜻한 눈빛으로 바라보기만 해도 힘이 난다. 그냥 손을 잡고 토닥여만 주어도 눈물이 주르륵 흐른다.

공감은 동감과는 다르다. 동감은 상대방과 똑같은 감정을 느끼는 것이고 공감은 상대방의 감정을 인정하는 것이다. '너는 지금 그렇게 느끼는구나', '너는 그렇게 화가 나는구나'라고 인정하는 것이다. 상대방의 감정에 함께 머무르는 것이다. 공감을 잘하는 출발점이 경청이다. 그래서 경청이 중요하다.

이제 아이와 대화할 때 말을 잘 듣고 감정을 이해하며 공감적 경청을 해보자. 잘 공감하기 위해 눈높이, 자세, 몸동작 등을 자연스럽게 맞추는 것도 필요하다. 목소리 톤, 말의 속도를 맞추는 것도 중요하다. 대화하기 편하도록 분위기를 맞춰보자. 마음속으로 나와 아이 사이에 1미터 정도 거리가 있다고 생각해

라. 마음의 거리가 너무 가까우면 감정이 뒤엉켜 동감에 빠질 위험이 있다. 부모와 자녀 사이에도 적당한 마음의 거리가 필요하다. 아이는 나와 분리된 존재임을 인식하고, 아이의 감정을 편안하게 바라본다고 상상해보자.

숙제할 것을 앞에 펴놓고 몸을 비비 꼬는 아들이 나에게 말을 걸었다. 속으론 '숙제나 할 것이지, 지금 뭐 하는 거야?'라는 생각이었지만, 마음을 가다듬고 공감적 경청을 하며 대화했다.

"엄마, 숙제가 너무 하기 싫어요."

"그렇구나. 많이 지쳐 보이네."

"네, 오늘 피구를 너무 열심히 했나 봐요. 여기 보세요. 벽에 부딪혀서 어깨에 멍이 들었어요."

"어머, 많이 아팠겠다."

"숙제해야 하는데……."

"그래, 답답하겠다. 지금 어떻게 하고 싶어?"

"30분 정도 쉬고 할래요. 엄마 안아주세요."

아들을 꼭 안아주면서 내 마음도 편안해졌다.

지금부터 공감적 경청을 시도해보자. 자신과의 대화, 가족과의 대화에서부터 출발하자. 아이의 표정, 말투, 목소리 톤, 손동작, 말의 내용에 집중하자. 나의 판단과 생각을 비우고 맥락적 경청을 시도해보자. 공감하는 훈련을 하자. 아이의 마음을 읽고 공감하면 소통과 화합의 새로운 세상이 열릴 것이다.

가족이 함께 앉아 이야기를 나눠보자!

아이에게 공감적 경청 하기

➡ 나와 아이의 생각, 감정을 노트에 있는 그대로 적어본다.

➡ 대화할 때, 내 감정을 비우고 몸과 마음을 아이에게 집중한다.

➡ 아이와 나 사이에 1미터의 공간이 있다고 생각하고, 마음의 거리를 두어 아이의 감정에 휘둘리지 않는다.

➡ 대화를 하면서 아이가 느끼는 감정과 원하는 것을 생각해 본다.

➡ 아이가 하는 말에 "그렇게 느꼈구나", "그걸 원하는구나"라고 반응하며 말해준다.

아이의 내적 동기를
높이는 대화하기

대부분의 부모는 외부로 드러나는 것만을 아이의 능력이라고 생각한다. '옆집 아이는 이것도 잘하고 저것도 잘하는데, 우리 집 아이는 이것도 못하고 저것도 못해서 걱정이야'라는 생각을 하면서 아이를 바라본다. 부모가 그런 시각을 가지고 있다면 아이는 자신의 잠재력을 발견하기 힘들다.

얼마 전 고등학교 3학년 여학생이 나를 찾아왔다. 얼굴 가득 미소가 아름다운 그 학생에게 무슨 고민이 있을까 궁금했다. 학생은 엄마와의 관계가 너무 안 좋아졌다고 말하며 눈물을 글썽였다. 이야기를 들으면서 참 안타까웠다. 엄마와 대화를 하면, 짜증이 나고 마음이 상한다고 했다. 잠깐 쉬노라면 "지금 공부해야 되지 않냐?"라고 하고, "옆집 ○○이는 일찍 나가서 진로 상담 받으러 줄 서 있는데, 너는 이렇게 늦도록 뭐 하는 거냐?" 하는 식으로 다그치셔서 너무 밉다는 것이다. 엄마는 아이를 사랑하는 마음에 아이의 진로가 걱정되어 하시는 말씀일 텐데, 아이는 마음이 상할 뿐이었다.

소를 물가로 끌고 갈 수는 있지만, 물을 마시게 할 순 없다. 아이를 학원까지 태워다 줄 수는 있지만 공부를 하게 할 순 없다. 답답한 마음에 '~해라'라고 말하는 순간, 잔소리가 된다.

부모는 아이의 눈높이에 맞춰 대화하면서 실행 의지를 높여 주어야 한다. 그러려면 보이는 행동이 아니라, 보이지 않는 마음을 봐야 한다. 아이의 무한한 잠재력, 잘하고 싶은 마음, 잘하고 싶은데 잘 안 되는 마음, 여러 번 좌절하면서 상처받은 마음, 또 실패할까 봐 두려운 마음, 미래에 대한 막연한 두려움, 부모에게 미안한 마음, 나보다 잘난 친구를 부러워하는 마음 등을 볼 수 있어야 한다.

모든 아이는 잘하고 싶어 한다. 부모의 자랑이 되고 싶고, 칭찬과 인정을 받고 싶어 한다. 자기 자신을 자랑스럽게 여기고 싶어 한다. 그런데 몸이 따라주지 않는 것이다. 잘하고 싶은데 잘 안 되는 것이다. 그 마음이 오죽 답답하겠는가!

부모는 아이의 이런 마음을 알고, 아이가 잘 실천할 수 있도록 도와주어야 한다. 아주 작은 것부터 시작하면 된다. 작은 실천들이 쌓여 큰 실천이 되고, 그만큼 훌쩍 자라게 되는 것이다.

자, 부모의 마음부터 리셋하자. 부모의 생각은 강력하다. 부모 자신뿐만 아니라 아이에게도 절대적인 영향을 미친다. 모든 일은 마음먹기에 달렸다. 여기에서 말하는 마음은 우리의 생각을 가리킨다. 모든 일은 우리의 생각, 신념에 달려 있다. 부모가 어떤 생각을 가지고 바라보느냐가 아이의 미래를 결정한다. 아이는 무한한 잠재력을 가진 존재다. 실수하고 넘어져도 다시 일어나면 된다. 아이는 성장하고 있으며, 결국 잘될 것이다.

'어디 한번 두고 보자'라는 생각으로 아이의 행동을 지켜보다가 흐지부지되는 상황이 되면 "거봐, 내 그럴 줄 알았어. 기대한 내가 바보지"라는 말은 이제 그만해라. 아이의 성장을 돕는 생각과 말의 패턴을 연습해야 한다. 이를 부모가 먼저 자기 삶에 적용해보길 권한다. 그 후에 아이가 잘 실천할 수 있도록 대화해봐라. 부모가 먼저 생각하고 연습한 뒤 말할 때와 무턱대고 말부터 할 때의 전달력은 하늘과 땅 차이다.

뭔가를 실천하기 위해서는 '내적 동기'가 있어야 한다. 그 행동이 나에게 얼마나 중요한지를 인식하느냐 인식하지 못하느냐가 관건이다. 간절함이 있는 사람은 아무리 힘든 상황에서도 실천하고자 힘을 낸다.

나는 새벽에 일어나는 것이 불가능한 사람이라고 생각했다. 아주 어린 시절부터 지금까지 새벽에 일어난 적이 없으며 하루 8시간 이상은 꼭 잤다. 하지만 책을 써야겠다는 강력한 동기가 생긴 이후로 새벽에 일어나기 시작했다. 직장에 다니면서 두 아들을 키우고 집안일까지 해야 하기에, 책을 쓰려면 새벽 시간밖에 없었기 때문이다.

새벽 5시에 일어나 2시간 정도 글을 쓰고, 아침 식사 준비를 하면서 하루를 시작한다. 눈을 뜨면서부터 잠자리에 들 때까지 쉴 틈이 거의 없다. 바쁜 일상 중에서도 코칭을 받고 싶다고 찾아오는 학생이 있으면 점심시간이나 방과 후를 활용해서 함께 대화한다. 누군가가 나에게 시켜서 하는 일이었다면 절대 하지 못했을 것이다. 돈을 준다고 해도 하지 않았을 것이다. 내 마음 안에 '책을 써야겠다', '아이들을 도와주고 싶다', '부모, 교사들이 행복한 삶을 살면 좋겠다' 등의 내적 동기가 있었기 때문에 가능한 일이다.

아이도 마찬가지다. 누가 시켜서 하는 일에는 몸이 움직이지 않는다. 외적인 보상이 잠깐은 행동하게 할지 몰라도 장기적으로 볼 때는 강력한 내적 동기가 있어야 한다. 아이들에게 이 행동과 실천이 얼마나 간절한 것인지를 깨우쳐주어야 한다. 단순히 대학 진학이 목표여서는 안 된다. 공부를 해야 하는 간절한 이유가 있어야 공부할 힘이 생기고 운동을 해야 하는 간절한 이유가 있어야 운동할 힘이 생긴다.

예를 들어 아이가 성공하고 싶다는 이야기를 했다고 하자. 부모는 '성공하려면 공부를 해야지'라는 생각을 깔고 있기에 대화가 이렇게 흘러갈 것이다.

"엄마, 저는 꼭 성공할 거예요."

"그래, 좋은 생각이구나. 성공하려면 뭘 해야겠니?"

"공부해야겠죠?"

"그래, 잘 생각했다. 공부 열심히 해라."

이렇게 대화한 후에 아이는 '정말 공부를 열심히 해야지'라고 생각할까? 아마도 그렇지 않을 것이다. '그래, 공부해야지. 근데 너무 하기 싫어'라는 생각으로 괴로워할 가능성이 크다.

대화를 조금 바꿔 내적 동기를 살리는 말을 해보자.

"엄마, 저는 꼭 성공할 거예요."

"그래, 좋은 생각이구나. 네가 생각하는 성공은 뭐니?"

"음⋯⋯. 제가 좋아하는 일을 하면서, 시간도 자유롭고, 돈도 많았으면 좋겠어요."

"구체적으로 어떤 모습이면 성공했다고 생각할 수 있을까?"

"제가 사랑하는 가족들과 가고 싶은 곳에 여행도 가고, 일찍 퇴근해서 아이들이랑 축구도 하고, 어려운 사람들을 도울 수 있으면 성공이 아닐까요?"

"와! 멋지다. 그렇게 되면 어떤 점이 좋을까?"

"엄청나게 행복할 것 같아요. 기분 좋은데요?"

"엄마도 너의 행복한 모습이 상상돼 기분이 참 좋네. 성공한 모습으로 살아가는 자신에게 뭐라고 말해주고 싶니?"

"음……, '잘했어. 네가 해낼 줄 알았어. 그동안 정말 수고 많았어'라고 말해주고 싶어요."

이런 대화를 하다 보면 자신이 생각하는 성공에 대해 다시 생각해보게 되고, 구체적인 모습을 상상해보면서 행복감을 느끼게 돼 아이 스스로 실행 의지를 높일 수 있다.

또한 부모와 아이의 생각은 다를 수 있음을 명심해라. 예를 들면, 부모가 생각하는 행복, 성공, 사랑이 아이가 생각하는 것과 다를 수 있다. 부모의 생각을 아이에게 강요하는 순간, 아이는 마음의 문을 닫아버린다.

무엇이든 아이에게 직접 물어봐야 한다. 아이가 공부를 잘하기를 바라는가? 그렇다면 공부에 어떤 의미가 있는지 아이 스스로 깨닫게 해라.

"우리는 왜 공부를 해야 할까?"

"공부하면 뭐가 달라질까?"

"몇 년 후에 너 자신에게 뭐라고 말하고 싶니?"

이런 대화를 하다 보면, 공부라는 것이 단순히 지식을 얻고 암기하는 것이 아니라, 내 꿈을 이루기 위해 새로운 것을 배우고 적용하면서 나만의 것으로 재창조하는 재미있는 과정임을 절로 깨닫게 될 것이다. 공부의 재미를 느끼기 위해서는 참고 인내하는 힘이 필요하므로, 꾸준히 실천할 수 있도록 돕는 것이 매우 중요하다. 다만 행동하는 것이 자신에게 어떤 유익이 있고, 얼마나 중요한지를 아이가 깨닫는 것이 우선이다. 그 행동이 눈앞에 보이는 현재의 즐거움을 희생할 만큼 매력적인 보상을 가져다준다는 것을 깨닫는 순간, 실천해보겠다는 의지를 갖추게 된다.

아이가 하지 않는 이유를 찾지 말고, 해야 하는 이유를 구체적으로 찾아봐라. 부모가 어떤 자극을 주느냐에 따라 아이의 내적 동기가 살아날 수도 있고 사라질 수도 있다는 사실을 명심하자.

가족이 함께 앉아 이야기를 나눠보자!

엄마를 위한 눈높이 연습 TIP

아이의 내적 동기 높이기

➡ 내가 생각하는 행복과 아이가 생각하는 행복이 다르다는 사실을 명심한다.

➡ 아이가 정말 이루고 싶어 하는 것이 무엇인지 함께 찾아본다.

➡ 가장 중요하게 생각하는 가치가 무엇인지 질문한다.

➡ 궁극적으로 이루고 싶어 하는 목표가 무엇인지 찾아본다.

➡ 목표를 이루면 아이의 삶이 어떻게 달라지는지 상상하도록 질문한다.

➡ 목표를 이뤘을 때 자신에게 하고 싶은 말을 직접 말하게 한다.

무기력한 아이의
꿈을 찾아주는 대화하기

"선생님, 안녕하세요?"

"안녕? 오랜만이야. 잘 지내지?"

"선생님, 저 시간 좀 내주실 수 있을까요?"

"물론이지. 무슨 일이 있어?"

"잠결에 선생님이 하시는 말씀을 들었어요."

C는 재작년에 1학기 지구과학을 가르쳤던 학생이다. 사실 수업 시간에는 얼굴을 볼 수 없었다. 매일 엎드려 있었기 때문이다. 그런 C를 보면서 안타까웠다. 잠이 많이 부족해 보였고, 늘 기운이 없었다.

그랬던 녀석이 나를 찾아온 것이다. 성장하고 변화하고 싶다는 의지가 느껴졌다. 일단 나를 찾아온 것 자체가 에너지가 있는 상태라고 판단했다. 일주일에 한 번 만나기로 약속하고, 주로 아침이나 점심시간을 활용했다. 그런데 학교에 지각을 하거나, 아프거나, 일이 있으면 만나지 못했다. 한 학기 동안 겨우 네 번 만났다.

처음 만난 날 나를 찾아온 이유와 현재 상황에 대해 이야기했다.

"어떤 주제로 이야기하고 싶어?"

"자신감이요. 제가 자신감이 없어서, 보컬로 대학을 가고 싶은데 잘 안 될 때가 많아요."

"그렇구나, 멋지다. 밴드에서 보컬이야?"

"네."

"네가 생각하는 자신감 있는 모습은 어떤 거야?"

"그냥 제가 하고 싶은 대로 할 수 있는 거요."

"하고 싶은 대로 할 수 있게 되면 어떤 점이 좋아질까?"

"학교생활이나 밴드 연습을 할 때 훨씬 더 좋을 것 같아요."

"학교생활, 밴드 연습을 잘하게 되면 어떤 변화가 있어?"

"(입꼬리가 올라가며) 그러면, 정말 신날 거예요."

"그렇구나. 네가 꼭 자신감 있게 하고 싶은 대로 할 수 있어서 신나게 학교 다니고, 밴드 연습도 하면 좋겠다."

"네! 그렇게 되면 좋겠어요."

"지금은 어떤 모습인데?"

"제가 다른 사람 눈치를 많이 봐요. 학교에서도 친구들이 나를 못마땅해하는 것 같고, 노래 부를 때도 배에 힘주고 끝까지 불러야 하는데, 삑사리 날까 봐 소리를 맘껏 못 지르겠어요."

"속상하겠다. 그럴 때 마음이 어때?"

"뭔가……, 많이 답답해요."

"그 답답함이 언제부터 있었어?"

"예전부터 있었던 것 같아요."

"언제부터?"

"오래전부터요. 그게 제 마음을 누르고 있는 것 같아요."

"그 답답함이 어디에 있어? 무슨 색으로 보여?"

"(가슴을 만지며) 여기에 있어요. 진한 파란색이요."

"파란색이구나. 만져볼 수 있어? 느낌은 어때?"

"끈적끈적해요."

"어떻게 하면 마음이 좀 시원해질까? 가슴속에 끈적끈적한 파란색이 있는 이유가 뭐라고 생각해?"

"답답한 것도 제 마음인데 그동안 무시하고 못 본 척했어요. 많이 서운했나 봐요. 잘 달래줘야겠어요. '고마워. 잘 가'라고 말해주고 싶어요."

"그래, 그럼 그렇게 하자."

"(가슴을 만지며) 고마워, 잘 가."

C는 크게 숨을 내쉬면서 말했다.

"가슴이 시원해진 것 같아요. 그동안 제 마음을 너무 몰라줬나 봐요."

"그랬나 보다. 선생님도 마음이 시원하네."

두 번째 만났을 때는 평소 습관에 대해 다뤘다.

"한 주간 잘 지냈니?"

"네, 마음이 한결 가벼웠어요."

"오늘 어떤 이야기를 하면 도움이 될까?"

"제가 밴드 연습을 하러 잘 못 가요. 주말에 홍대 쪽으로 가야 하는데, 자꾸 못 가요."

"많이 속상하겠다. 연습에 못 가는 이유는 뭐야?"

"게임을 하다가 시간이 되면 끊고 나가야 하는데……, 그냥 계속하게 돼요."

"아, 게임을 계속하는구나."

"네, 주말에 밴드 연습하러 가는 걸 주제로 이야기해보고 싶어요."

"그래, 좋은 주제다. 오늘은 주말에 밴드 연습하러 갈 방법을 생각해보면 될까?"

"네."

C는 인지적인 대화보다는 오감을 활용한 대화가 더 적합했다. 대화를 하다 보면, 머리로 생각하고 계획을 세우는 것보다 NLP neuro-linguistic programming 를 활용한 대화가 더 적합한 경우도 있다. '신경 언어 프로그래밍'으로 번역되는 NLP 코칭은 오감과 뇌를 중심으로 상황을 구체적으로 상상하며 대화를 하는 것이다.

나는 C가 마음속으로 성공적인 밴드 연습을 상상하도록 계속해서 질문했다.

"토요일 아침이야. 시계가 보여? 몇 시야?"

"8시예요."

"지금 씻고 준비하면 될까?"

"네, 지금 씻고 준비하면 되겠어요."

"그래, 그러면 준비하자. 몇 분 정도 지났어?"

"20분 지났어요. 지금 옷 갈아입고, 가방 챙겼어요."

"지금 나갈까? 아니면 밥 먹을래?"

"지금 나가고, 밥은 홍대 근처에서 먹을래요."

"그래, 그러자. 밖에 나오니까 어떤 소리가 들려?"

"차 소리, 사람들 이야기하는 소리가 들려요."

"기분이 어때?"

"좋아요."

"그래, 홍대까지 어떻게 갈까?"

"버스 타고 가요."

"도착했니?"

"네, 도착했어요."

"지금 몇 시야?"

"시계 보니까 9시 30분이에요."

"지금부터 연습 시작할까?"

"20분 정도 밖에 나가서 편의점에서 뭐 좀 사 먹을게요."

"그래, 그럼 뭐 먹을까?"

"삼각김밥이랑 샌드위치요."

"맛은 어때?"

"맛있어요. 이제 연습실 들어왔어요."

"그래, 연습 시작할까?"

이렇게 계속 구체적으로 상상하도록 질문을 했다. 상상 속에서 밤 10시까지 연습을 마치고 집으로 돌아왔다. 그리고 샤워를 하면서 뿌듯한 마음으로 하루를 마무리했다.

"기분이 어때?"

"정말 좋아요."

"그러면 이번 주말은 오늘 나랑 상상한 대로 보내자. 힘내!"

"네. 감사합니다."

몇 주가 지나 C를 만났다.

"오랜만이야. 잘 지냈어?"

"네. 선생님 저 진짜 신기했어요. 주말에 밴드 연습 잘 갔어요. 그대로 했어요."

"와, 축하해. 대단하다."

"그냥 몸이 잘 움직였어요."

"네 안에 엄청난 실천력이 있었네. 멋있다."

"네. 감사합니다."

C는 대화를 하면서 스스로 힘이 있다는 것을 발견했다. 본인의 꿈도 더 구체적으로 그리게 되었다. 자신의 내면을 들여다보기 시작하면서, 다른 사람들의 눈치를 보는 시간이 줄어들었다. 자연스럽게 자신감이 생겼다. 밴드 연습도 꾸준히 하게 됐다. 에너지가 올라가니까 표정도 밝아졌다. 주변 친구들, 가족들도 C가 이전보다 밝아지고 자신감이 생겼다는 사실을 알아차렸다.

네 번의 만남이 끝난 후, 피드백을 다음과 같이 적어주었다.

▶ 피드백

1. 기간: 4~7월(총 4회)

2. 주제: 스트레스와 마음의 짐 덜기

3. 실천한 내용

 - 아침에 눈 뜰 때마다 감정 느끼기

 - 습관으로 바꾸거나 고치고 싶은 것을 미리 상상하여 성취감 느끼기

4. 선생님과의 만남 이후 전과 달라진 점

 1) 생각을 행동으로 옮기게 됐다.

 2) 독서를 시작했다.

 3) 독서를 시작함으로써 아침시간이 활동적으로 바뀌었다.

 4) 게임을 한 달에 두세 번으로 줄였다.

 5) 마인드가 바뀌었다. 내면이 강해졌고, 자기 성찰 능력이 생겼
  고, 불필요한 고집도 줄어들었다.

 6) 현실을 좀더 빨리 느낄 수 있었고, 그에 대한 현명한 선택을
  할 수 있는 판단력이 생긴 것 같다.

 7) 꿈과 가까워졌다.

졸업식 날 C에게서 전화가 왔다. 대학에 합격했다는 반가운
소식이었다. 자신도 기회가 되면 코칭 대화법을 배워보고 싶다

고 했다. 가슴에서 뿌듯함이 올라왔다. 사실 C의 잠재력과 에너지는 그의 마음에 이미 존재하고 있었다. 그동안 모르고 살아온 것뿐이다.

얼마 전, 우리 학교 선생님들이 식당에서 우연히 C를 만났다며 소식을 전해주었다.

"어머! 저 아이가 저렇게 멋있었어?"

환하게 웃으며 식당에서 서빙하는 모습을 보고, 선생님이 놀라셨다고 한다. 진심으로 믿고 사랑하는 마음으로 함께하자, 아이는 남들이 알아볼 정도로 '멋지게' 성장했다.

무기력에 빠진 아이에게 대화만큼 좋은 건 없다. 가정에서도 아이와 대화를 나눈 뒤 앞의 사례처럼 피드백을 작성해보자. 분명 달라지는 아이를 볼 수 있을 것이다.

아이의 작은 실천력을
기르는 말하기

사람은 하루아침에 바뀌지 않는다. 관성의 법칙을 아는가? 아이작 뉴턴Isaac Newton은 관성을 '외부 힘이 가해지지 않는 한 일정한 상태를 지속하려고 하는 성질'이라고 정의했다. 즉, 운동하는 물체는 계속 운동하려 하고, 정지한 물체는 계속 정지하려고 한다.

사람도 마찬가지다. 자기 삶의 방식을 그대로 유지하려고 한다. 변화에 대한 저항력이 엄청나다. 작심삼일이 그처럼 흔한 것도 이런 이유에서다. 새로운 행동을 시도할 때마다 우리의 뇌가 강력하게 저항하기 때문에 그만두게 된다. 그러므로 목표를 이루기 위해서는 관성을 이겨낼 수 있는 실천 전략이 필요하다.

아이가 스스로 실천하는 힘을 키우는 데 부모는 어떤 도움을 줄 수 있을까? 우선, 아이 스스로 계획을 세우도록 기회를 주어야 한다. 부모의 강요나 판단이 들어간 계획은 이미 아이의 것이 아니다. 스스로 선택하고 책임지는 것이 중요하다. 부모로서 조언을 하고 싶다면, 아이에게 양해를 구하면 된다.

아이가 계획을 세울 때, 부모가 피드백을 할 순 있다. 예를 들어 다이어트를 한다면서 '한 달 안에 무조건 10킬로그램을 빼겠다' 같은 목표를 세운다면 어떻게 되겠는가. 목표를 이룰 확률은 거의 없다. 실패와 목표 수정을 반복하는 동안 무기력만 학습하게 될 것이다. 아이의 목표가 실천 가능한지 함께 점검해봐야 한다. 그러려면 목표가 구체적이어야 한다.

'공부를 열심히 하겠다'라는 목표는 어떤가? 이런 목표는 달성 여부를 점검하기가 어렵다. 얼마나 하는 것이 열심히 하는 것인지 모호하기 때문이다. 이런 경우 어떤 공부를, 언제, 어디에서, 어느 정도의 기간에, 얼마나 할 것인지 구체적으로 질문해봐야 한다. '영어 단어를 하루에 30개씩 저녁 7시부터 30분간 도서관에서 매일 외운다'라는 식으로 목표를 바꾸어야 한다. 즉, SMART 기법을 활용해야 한다. SMART는 '구체적으로specific, 측정 가능하도록measurable, 달성 가능하게achievable,

현실성 있게realistic, 시간적 제약이 있게time-bounded'라는 의미다. 목표가 구체적일수록 실천할 확률이 높고, 따라서 달성할 확률도 높다.

물을 하루에 8잔 마시면 건강에 좋다는 광고를 보고, 나도 도전한 적이 있다. 며칠 동안 실패를 거듭해서 잠자리에 들 때쯤이면 좌절감을 느꼈고, 결국에는 포기했다. 얼마 후 하루에 물 8잔 마시기에 다시 도전하기로 했을 때는 목표를 작게 쪼갰다. 일단 일어나자마자 물 한 모금을 마시는 것부터 시작했다. 그게 익숙해지고 나서는 일어나자마자 물 1잔을 마시기 시작했고, 지금은 하루에 5~6잔의 물을 마시고 있다. 머지않아 나는 하루에 물 8잔 마시기라는 목표를 달성할 것이다.

아이와 함께 하루에 하나의 목표를 세우는 것부터 시작해보자. 아주 작은 것이어도 된다. '하루에 영어 단어 1개 외우기'부터 시작하면 된다. 그것이 익숙해지면 점차 양을 늘려간다.

당장 아이가 하고 싶어 하는 일부터 시작하면 된다. 물론 중요하고 어려운 것부터 해낼 수 있다면 좋겠지만, 작은 실천을 하는 힘을 키우는 단계라면 아이가 좋아하는 일부터 할 수 있도록 격려하자. 작은 것이라도 이뤄 성취감을 맛봐야 큰 것을 하고 싶은 동기가 생긴다.

아이가 계획대로 잘 실천하지 못하고 있다면, 그 과정이 중요하다는 것을 이야기해주어야 한다. 지금 노력하는 과정이 중요한 것이고, 이런 노력이 쌓여서 성공의 결과로 이어진다는 것을 알려주자. 완벽하지 않아도 괜찮다. 실천하려고 노력하는 것 자체가 이미 절반은 성공한 것이다. 실패를 두려워할 필요가 없다. 실패가 아니라 실험이라고 말해주자.

아이가 실천하고 싶은 일의 목록을 기록하고 잘 실천하고 있는지 스스로 평가하게 해라. 성공 여부를 떠나서, 목표를 달성하기 위해 어떤 노력을 기울였는지 스스로 평가하도록 도와주어라. 매일 저녁 별점 등으로 자신의 행동에 점수를 주고, 스스로 어떤 점을 잘했고 어떤 점은 보완해야 하는지 점검하는 시간을 갖게 해라. 그러면 마음을 다시 다잡게 되므로 실천하는 힘이 커진다.

우리 뇌는 보상을 매우 중시한다. 뇌에는 운동, 언어, 이성, 감성 등 많은 기능을 지휘하는 전두엽이 있고, 신체를 조절하는 기저핵이 있다. 전두엽과 기저핵 사이에는 보상회로가 있다. 전두엽이 보상회로에서 오는 쾌락을 느끼면, 이를 계속 느끼기 위해 특정 행동을 반복하도록 만든다. 게다가 우리 뇌는 금방 싫증을 내기 때문에 반드시 보상이 필요하다. 예를 들어 아이는 친구와 놀거나 게임을 하고 싶지만, 엄마와의 약속을 지키기 위해 노는 시간을 줄였다고 가정해보자. 그러면 아이는 부모로부터 칭찬과 격려를 받는다. 반대로 약속을 어기고 게임이 주는 쾌락에 휩쓸린다면 부모한테 혼이 난다. 여기에서 부모의 칭찬과 격려가 바로 보상이다. 부모는 아이가 목표를 달성하기 위해 실천하는 과정에서 충분한 보상을 해주어야 한다.

"우리 ○○이가 엄마와의 약속을 잘 지켜주었구나. 정말 고맙다."

"게임을 정말 하고 싶었을 텐데 스스로 자제하는 모습이 정말 멋지구나."

"의지를 가지고 게임 시간을 줄이는 걸 보니, 충분히 잘할 수 있겠다는 생각에 안심이 된다."

아이가 노력했다는 점을 인정하고 칭찬을 아끼지 말아야 한다. 아이 스스로 자신에게 칭찬할 기회를 주는 것도 좋다.

"이렇게 약속을 잘 지킨 자신에게 뭐라고 이야기하고 싶어?"

"게임 시간을 줄인 ○○이는 어떤 사람이라고 생각해?"

이런 질문에 대답하다 보면 아이는 긍정적인 자아상을 갖게 된다.

목표나 실천 계획은 고정된 것이 아니기 때문에 수정할 수도 있다. 현재 상태와 원하는 상태의 차이가 너무 크면 오히려 실천할 동력이 약해진다. 그러니 아주 작은 변화와 실천을 목표로 삼으면 된다.

CBS의 「세상을 바꾸는 시간, 15분」에 나온 성공한 기업가 야나두의 김민철 대표는 자신을 '실패 장인'이라 소개한다. 7년간 사업을 하면서 총 27개의 프로젝트를 시도했고, 그중 24개를 실패하면서 150억 원을 날렸기 때문이다. 수많은 실패로 다시 도전하기 힘들 때 그는 '하루에 양치 세 번 하는 것'부터 다시 시작했다고 한다.

아이들에게 작은 성공의 경험은 매우 중요하다. 절대 실패할 수 없는 것부터 시작하면 된다. 김민철 대표처럼 하루 세 번 양치하는 것, 아침에 세수하는 것, 하루 세 번 밥 먹는 것부터 시작하면 된다. 아침에 일어나면 이불 개기, 휴대전화 1분 꺼두기 등 일상에서 아주 작은 것부터 실천할 수 있도록 격려하자. 아이가 아주 작은 실천의 힘을 깨달았다면, 이미 변화는 시작된 것이다. 일상에서 작은 성공을 모으다 보면 큰 성공에도 조금씩 가까워질 것이다.

가족이 함께 앉아
이야기를 나눠보자!

아이가 작은 실천을 할 수 있도록 격려하기

➡ 아이 스스로 실천 계획을 세우도록 기회를 준다.

➡ SMART한 계획을 세우도록 피드백을 준다.

➡ 아이가 하고 싶어 하는 일부터 시작하도록 격려해준다.

➡ 실패했을 때, 실패가 아니라 실험이라고 말해준다.

➡ 스스로 자신이 잘 실천하고 있는지 피드백할 수 있도록 기회
를 준다.

➡ 아이가 작은 성공을 했을 때는 반드시 보상한다.

➡ 아주 작은 것부터 도전하고 성공하도록 돕는다.

어떤 경우든 부모의 태도가
아이의 가장 효과적인 교사 역할을 한다.

- 헨리 프레데리크 아미엘

아이의 상처를
감싸 안아주는 말하기

J는 어린 시절 부모님이 이혼하셔서 조부모님과 살고 있다. 지금이라도 엄마와 충분히 시간을 보내고 싶지만 엄마의 삶을 먼저 생각한다. 엄마와 엄마의 남자 친구를 함께 만날 때도 있다. 엄마가 많이 생각나고 보고 싶을 때는 하늘을 쳐다본다. 조용히 마음속으로 '엄마!'라고 불러본다.

어린 시절, 아빠가 술을 마시면 어린 J를 집어 던지기도 했다. J는 아빠와의 추억이 없다. 아빠가 어떤 사람인지 잘 모른다. 다만 엄마를 힘들게 했고, 엄마가 이혼하는 것이 당연하다고 생각할 뿐이다. 지금은 엄마가 남자 친구와 행복하게 사는 것이 다행이라고 말했다.

J의 이야기를 들으며 가슴이 먹먹해졌다. 마음으로 눈물이 흘렀다. 10대인 J가 살아온 삶의 무게는 어른인 나에게도 벅찼다. 아무렇지 않게 웃으면서 이야기하는 J를 보면서 손을 잡아주었다. 아무 말 없이 고개를 숙이는 J의 눈가에 눈물이 맺힌다. 괜찮은 척, 밝은 척을 하며 자신의 마음은 돌보지 못하고 살아왔다.

"안녕? 오늘 어떤 이야기를 하고 싶어?"

"요즘 살기 힘들다는 생각이 들어서요."

"그래, 선생님을 찾아와줘서 정말 고마워. 살기 힘들다는 생각을 한 지 얼마나 됐어?"

"사실은 좀 오래됐어요. 그냥 괜찮기는 한데, 마음이 좀 힘든 것 같아요."

"그랬구나, 네가 마음을 잘 들여다보고 있구나. 마음이 많이 힘든데 학교에 일찍 오고 학교생활도 성실하게 하고 있구나. 대단하다."

"(웃으며) 감사합니다."

"오늘 대화를 하면서 어떤 변화가 있으면 좋겠어?"

"마음이 좀 가벼워지고, 강해지면 좋겠어요."

"마음이 가벼워지고 강해진다는 건, 뭘 보면 알 수 있을까?"

"제가 표정이 밝아지고, 뭔가 할 수 있겠다는 자신감이 생기는 거요."

"그렇구나, 알았어. 오늘 선생님과 대화하면서 너의 표정이 밝아지고, 뭔가 할 수 있겠다는 자신감이 생기면 좋겠다."

"네. 제가 거울을 보면, 어색해요."

"그래? 좀더 구체적으로 말해줄래?"

"뭔가 웃어야 할 것 같아서 웃는데, 금방 무표정하게 되면서 기분이 이상해요."

"그렇구나. 웃어야 한다고 생각하는 이유는 뭐야?"

"……. 그래야 사람들이 안심하니까요."

"그래, 다른 사람들을 안심시키기 위해서 웃어야 한다고 말할 때 기분은 어때?"

"……. 뭔가 슬퍼요."

"(조용히 손을 잡으며) 그랬구나. 그동안 많이 슬펐겠다."

"네. 제가 웃어야 할머니가 안심하시고, 또 동생이 웃으니까 그렇게 해야 한다고 생각했어요. 근데 저는 웃을 기분이 아닐 때도 많고, 사실은 슬프고 마음이 힘들어요."

"그래, 살다 보면 슬프고 힘들 때가 많지. 누가 너한테 웃어야 한다고 말하고 있어?"

"……. 저 자신이요."

"자신이 뭐라고 말하는데?"

"너는 웃어야 해. 네가 힘든 모습을 보이면 할머니가 속상해 하시잖아. 네가 잘 지내야 엄마가 마음 편하게 새 인생 사실 수 있어. 동생을 잘 돌봐야 해. 화를 내거나 때리면 안 돼. 돈을 많이 벌어서 엄마에게 잘해드려야 해. 엄마는 많이 고생하셨으니까……."

"그렇게 말하는 자신한테 뭐라고 얘기하고 싶어?"

"사실 나도 힘들어. 나도 사랑받고 싶었어. 엄마가 보고 싶어. 아빠 있는 친구들이 부러워. 나도 편하게 놀고 싶어."

"그 이야기 하면서 마음이 어때?"

"뭔가 시원하기도 하고, 제가 좀 불쌍해요."

"그래, 불쌍한 J한테 어떻게 해주고 싶어?"

"그냥 괜찮다고 말하고 싶어요. 편하게 살라고 이야기해주고 싶어요."

"그래, 편하게 살아. 그래도 괜찮아."

"선생님, 제가 그래도 될까요?"

"그럼. 너는 상대방을 배려하는 따뜻한 마음이 있는 사람이야. 무엇보다 너는 정말 소중한 사람이야. 알지?"

"네, 선생님."

"잘하려고 애쓸 필요 없어. 지금도 충분해. 살아 있는 것만으로도 충분한 거야. '~해야 한다'라는 생각 내려놓고 재미있는 걸 해본다면 어떤 걸 해보고 싶어?"

"제가 원래 컴퓨터를 좋아하거든요. 게임도 좋아해서 앱을 개발하고 싶어요."

"와, 좋은 생각이다. 멋지다."

"(웃으며) 감사합니다."

"앱을 개발하는 것이 어떤 의미가 있어?"

"일단 제가 하고 싶어서 하는 거라 신나죠. 저 자신한테 나도 뭔가 할 수 있다는 걸 증명해 보일 수 있어요."

"그렇구나, 앱을 개발하는 게 엄청난 의미가 있구나. 꼭 개발할 수 있으면 좋겠다."

"네. 제가 게임 앱을 개발하려면 시간이 있어야 하는데 가능할지 모르겠어요."

"아무래도 학교 다니면서 앱도 개발하려면 시간이 필요하겠지? 어떻게 시간을 확보할 수 있을까?"

"제가 밤잠이 별로 없긴 한데, 학교생활에 지장을 주지 않으려면 새벽 1시까지 작업하고, 7시에 일어나야겠어요."

"와, 열정이 대단하다. 그렇게 하면 게임 앱도 개발하고, 학교생활도 잘할 수 있을까?"

"네, 충분히 가능할 것 같아요."

"게임 앱 개발하는 데 시간이 얼마나 걸려?"

"보통은 몇 개월 걸리는데……. 한번 해봐야 알겠지만, 일단 매일 밤 10시부터 1시까지는 해봐야죠."

"그래, 네가 하고 싶은 게임 앱 개발 꼭 잘 해내길 선생님이 응원할게."

"네, 감사합니다."

"오늘 이야기하면서 새롭게 알게 되거나 느낀 점이 있어?"

"일단, 제가 저한테 '~해야 한다'고 지나치게 다그친 것 같아서 미안했어요. 그냥 저도 좀 편하게 살아봐야겠다는 생각을 했어요. 선생님 말씀처럼 나도 소중한 사람인데, 나를 좀 챙겨볼게요. 그리고 게임 앱을 개발하는 게 저한테 중요한 일이라는 걸 깨달았어요. 재밌게 해보겠습니다. 완성되면 선생님께 말씀드릴게요."

"정말 멋지다. 지금까지 살아온 것만으로도 선생님은 감사해. 지금도 충분히 잘하고 있어. 거울 보면서 '고마워. 사랑해'라고 자신한테 매일 말해줄 수 있겠니?"

"(웃으며) 어색하지만, 한번 해볼게요."

"고마워. 게임 앱을 개발하면 선생님한테 와서 뭐라고 말할 거야?"

"선생님, 저 드디어 게임 앱을 개발했습니다. 축하해주세요."

"지금 기분이 어때?"

"와, 좋은데요. 완전 좋아요!"

"그래, 꼭 그렇게 말할 수 있을 거라 믿어. 우리 힘내자."

"네, 감사합니다."

J는 참 멋진 친구다. 자기 삶을 성실하게 잘 살아온 친구다. 학교 내신 성적은 낮지만, 많은 이들에게 도움을 주는 사람으로 우뚝 설 것이다. 다른 사람을 배려하는 따뜻한 마음이 있기 때문이다.

J는 지하에서 출발해 여기까지 올라왔다. 어린 시절 가정환경이 힘들었지만 최선을 다해 살아왔다. 자신을 향해 미소 짓고 '고맙다, 사랑한다'라고 말하게 되면서 표정이 많이 밝아졌다. J를 볼 때마다 나도 미소 짓고 "네가 있어서 참 좋다. 고마워, 사랑해"라고 말해준다. 마음속 아픔이 있는 아이에게는 상처를 보듬어주는 따뜻한 말이 필요하다. 이를 통해 사랑과 감사가 쌓이면 아이는 더욱 행복한 삶을 살아갈 것이다.

욕쟁이 아이를
변화시키는 비장의 무기

2학년 지구과학 수업 시간이었다. 소란스러운 분위기에 웅성거리며 돌아다니는 남학생들을 진정시켰다. 교실을 한 바퀴 도는데 욕하는 소리가 들렸다.

"X같은 년이……."

선명하게 들렸고, 누구의 입에서 나온 소리인지도 명확했다. 잠시 멈췄다.

'어떻게 할까? 분명 나한테 한 얘긴데. 못 들은 척할까? 아니야, 이건 지도해야겠어.'

숨을 크게 내쉬고 조용히 말했다.

"D, 복도로 나와라."

"네? 왜요?"

"나가서 이야기하자."

학생들에게 교과서를 읽으라고 말한 후, 밖으로 나왔다.

"선생님이 다 들었어. 사실대로 말해."

"샘한테 한 얘기가 아니라, 친구한테 한 건데요."

"선생님 눈을 보고 말해."

눈빛을 피하며 머리를 긁적인다.

"뭐라고 말했지?"

"X같은 년이라고…….."

"선생님이 너한테 그런 말을 들을 이유가 있니?"

"아니요. 사실은……, 지난번에 복도에서 선생님한테 축구공 뺏기고 짜증이 났는데 오늘도 좀 짜증 나서 그랬어요."

"그랬구나. 방과 후에 교무실로 와."

5분 정도 대화를 하고, 교실에 들어가 기분 좋게 수업을 했다. D 때문에 다른 친구들이 피해를 보게 할 순 없었다. 기분이 안 좋아도 수업을 하다 보면 마음이 다시 회복된다. 교무실로 돌아와 생각해봤다. 벌을 주고 넘어갈 수도 있지만, D와의 관계를 회복하고 함께 성장하고 싶었다.

D가 한 말은 '남자의 성기'를 뜻하는 비속어다. '내가 그렇게

생겼나?' 하고 생각하니 그냥 웃음이 나오기도 했다. D가 오자, 일단 사실 확인서를 받았다. 한 번 더 욕설을 하면 선도위원회에 넘기기로 약속했다. 대신 미션을 주었다.

"더러워진 물 1리터를 정화하기 위해서는 깨끗한 물 30만 리터가 필요하단다. 네가 선생님에게 욕을 했으니 칭찬을 30만 번 하렴. 그러면 선생님의 상처받은 마음도 정화되지 않겠니?"

"네, 선생님. 언제 할까요?"

"응, 내일부터 2교시 마치고 쉬는 시간에 와서 10가지 칭찬을 해줘."

"네, 알겠습니다."

그 후로 D는 매일 2교시가 끝나면 교무실 문 사이로 얼굴을 내밀었다. 쑥스럽게 웃는 모습이 낯설었다. D는 평소 욱하는 성격이다. 눈에서 광기가 느껴질 때도 있었는데, 이렇게 해맑게 미소 짓는 모습을 보니 새삼 신기했다.

"자, 시작하렴."

"선생님은 아름다우시고, 선생님은 오늘따라 예쁘시고, 선생님은 옷을 잘 입으시고, 선생님은 눈빛이 선하시고, 선생님은 젊어 보이시고……."

말을 더듬으면서 쑥스러운 듯 웃으며 이렇게 칭찬을 하고 갔다. 칭찬을 잘 하지 못해서 어색해하면서도 10가지를 칭찬했다. 눈에 보이는 모습을 주로 칭찬했지만, 들으면서 기분이 좋았다. 날이 갈수록 칭찬하는 실력이 눈에 띄게 늘었다.

"선생님이 저에게 기회를 주셔서 감사합니다."

"선생님의 눈빛이 따뜻하고, 마음이 따뜻해서 좋아요."

"선생님이 꿈을 향해 노력하는 모습이 멋져요."

"선생님이 수업을 열정적으로 해주셔서 감사합니다."

"선생님 패션 감각이 좋으신 것 같아요."

"선생님이 화가 나도 차분하게 수업해주셔서 감사했어요."

"칭찬을 하면서 저도 기분이 좋아져요."

이렇게 칭찬하는 D를 나도 같이 칭찬해주었다.

"매일 2교시 마치고 찾아오는 걸 보니, 약속을 잘 지키는 신용 있는 친구구나."

"성실하게 미션을 잘 수행하고 있어."

"마음먹은 일은 잘 해내는 학생이구나."

때로는 질문을 했다.

"너를 칭찬해볼래?"

"너의 장점은 뭐가 있어?"

"이렇게 매일 미션을 수행할 수 있는 비결은 뭐야?"

그러면 자신 안에 있는 끈기, 열정, 신용, 성실을 이야기한다.

"그렇게 말하면 기분이 어때?"

"에너지가 올라가고, 기분이 좋아요."

D는 처음에는 혼자 오다가, 나중에는 친구들과 함께 왔다. 메모지에 칭찬을 미리 적어 오기도 했다. 키득키득 웃으며 칭찬하는 것을 즐겼다. 복도에서 지나가는 학생들도 호기심을 가지고 물어봤다. 그러면 친구들이 대신 말해주었다.

"지금 지구과학 샘한테 욕해서 칭찬 미션 하고 있어."

마침내, 꾸준히 칭찬하러 들른 D에게 미션 종료를 알렸다. 살짝 아쉬워하는 눈치다.

D와의 관계를 생각하니 웃음이 나왔다. '욕'으로 출발해서 '칭찬'으로 관계를 회복했다. 그 과정에서 D는 밝아지고 자신의 내면을 볼 수 있는 힘이 생겼다. 나도 한 뼘 성장했다. 감정적으로 대응하지 않고, 서로에게 좋은 방법을 선택했다.

욕을 한 아이에게 성장의 기회를 주었고, 그 과정을 통해 함께 성장했다. 사람 간의 관계는 참 오묘하다. 내가 그 순간 아이에게 화를 내고 욕쟁이로 낙인찍기로 마음먹었다면 어땠을까? 지금과 같은 기쁨을 누리지 못했을 것이다. 사람은 누구나 실수할 수 있다. 그리고 실수를 통해 배울 수 있다. 기회를 주고 기다려주면 성장할 수 있다.

아이들은 더 쉽게 실수하고 넘어진다. 거친 욕설을 내뱉는다고 해서 무조건 혼내서는 안 된다. 10대의 욕은 또래 친구와의 대화법일 수도 있고, 마음속 응어리가 표현되는 방식일 수도 있다. 그러니 일방적인 잔소리보다는 시간이 좀 걸리더라도 마음을 풀어주는 따뜻한 시도가 훨씬 효과적이다.

매일 사랑한다고
말해주세요

따뜻한 어느 봄날, K가 나를 찾아왔다. 얼굴이 어두웠다. 조용히 손목을 보여주는데, 자해 흔적이 보였다. 심장이 두근거렸다. 마음을 진정하고 손을 잡아주었다. 손이 미세하게 떨렸다. 눈을 보면서 두 손으로 K의 손을 꼭 잡아주었다. 나를 찾아온 것이 감사했다.

K는 수업 시간에 잘 집중했고, 내 이야기를 경청했다. 유독 눈빛이 슬퍼 보일 때가 있긴 했지만, 감수성이 풍부한 친구라고 생각했다. 자해를 할 정도의 아픔이 있다는 생각은 하지 못했다. 먼저 챙겨주지 못해서 미안했고, 용기 내어 찾아온 것에 감사했다.

"우리 산책할까?"

시간이 될 때는 K와 잠시 산책을 하며 이런저런 이야기를 나눴다. 집에서 어떤 일이 있었는지 일상 대화를 나누기도 하고, 마음속에 있는 어두움에 대해 이야기하기도 했다. 복도에서 만나면 그냥 내 손을 꼭 잡고 가거나, 가슴에 폭 안겼다가 가기도 했다. 나도 K도 마음의 친구처럼 만날 때마다 서로 반가워했다.

"이럴 때는 어떻게 하는 게 좋을까? 학생 입장에서는 어때?"

나에게 고민이 있을 때 K에게 조언을 구하기도 했다. 마음이 잘 통했다.

K의 마음 안에는 깊은 분노가 있었다. 부모님과의 관계, 형제자매와의 관계에서 지속적으로 마음의 상처를 받고 있었다. 어쩌면 마음이 여리고 섬세하기 때문에 다른 사람들보다 더 크게 반응했을지도 모른다.

K의 어머니는 잘 대해주시다가 갑자기 화를 내실 때가 있었다. 감정 기복이 심한 어머니였다. K도 감정이 예민해졌다. 언제 또 화를 내실지 모르니 마음이 늘 불안했다.

내 눈에는 눈부시게 아름다운 아이인데 정작 본인은 자신의 가치를 인정하지 못했다. 어머니에게 들은 말이 내면화되어 자신도 똑같은 말을 하고 있었다.

"너 자신을 어떤 사람이라고 생각해?"

"글쎄요……, 한심한 사람?"

"……. 한심한 사람이라고 생각하는 이유는 뭐야?"

"그냥 한심해요. 힘도 없고, 막 대해도 되는 사람 같아요."

나는 거울이 되어 아이를 비춰주었다. 자신에게 어떤 말을 하고 있는지, 자신을 어떤 존재로 대하고 있는지 계속해서 보여주었다. 본인도 인지하지 못한 채 자신을 얼마나 무시하고 있는지 깨닫기를 바랐다.

"너의 존재는 아주 소중하단다. 선생님은 너를 만나서 참 좋다. 너는 눈부신 존재야."

만날 때마다 이렇게 말하면서 꼭 안아주었다. 나의 사랑이 전달되기를 바라는 마음으로 안아주었다. 가끔 산책할 때도 손을 잡고 이야기하거나 안아주면서 계속해서 말했다.

"너는 정말 소중한 사람이야. 사랑해."

처음에는 웃으며 손사래를 쳤지만, 시간이 지나면서 점점 받아들이기 시작했다. 조금 낯간지러울 수 있지만, 사실이기 때문에 계속해서 말해주었다. 그러자 어느 순간, 먼저 달려와 안겼다. 안아주는 것이 이제는 편해졌는지 기분이 우울하거나 힘들 때마다 찾아와 안겼다. 그런 K가 참 고맙고 기특했다.

"네가 얼마나 소중한지 알지?"

"(웃으며) 네."

활짝 웃으며 "네"라고 대답하는 모습이 눈부셨다.

K는 자기주도적 학습을 하는 아이로, 내신 성적이 상위권이었다. 유독 수학만은 성적이 잘 나오지 않았는데, 대화 중에 그 이유를 발견할 수 있었다.

"저는 수학이 정말 싫어요. 초등학교 때 아빠가 수학이 제일 중요하다며 매일 문제집을 풀게 하셨거든요. 매일 퇴근하셔서 수학 문제집 몇 장 풀었는지 검사하셨는데, 제가 노느라 못 푼 날이면 문제집을 던지고 몽둥이로 때리셨어요. 수학 문제는 보기도 싫어요."

수학 문제는 그날의 분노와 아픔으로 온몸에 새겨져 있었다.

"선생님은 좀 다른 것 같아요."

"뭐가?"

"그냥 보통 선생님들하고 좀 달라요. 근데 좋아요."

"그래, 네가 좋다고 하니까 나도 좋네."

사랑이 전달된 걸까. K는 조금씩 밝아졌다. 더는 자신을 '한심한 사람'이라고 말하지 않았다. 자신의 가능성을 믿고 노력하는 모습을 보여주었다. 그리고 원하는 대학에 당당하게 합격했다. 합격 소식을 전하러 온 K와 복도에서 강강술래를 하며 기쁨을 나누었다.

자신이 얼마나 빛나는 존재인지 깨닫지 못한 채 살아가는 아이들이 많다. 갓 태어난 아기들은 자기 얼굴을 보면서 행복해한다. 마치 자신의 모습에 감탄하는 것처럼 보인다. 그런데 우리 아이들은 어떤가. 시간이 갈수록 표정이 사라진다. 자신의 아름다움을 발견하지 못한 채 빛을 잃어간다. 잊고 있지만, 우리 모두는 신의 형상을 닮은 존재이고 빛나는 존재다. 어른도, 아이도 아무것도 하지 않아도, 존재만으로도 이미 충분하다.

지금 아이에게 거울을 건네고 함께 바라보자. 거울 속에서 빛나는 눈동자를 마주 보고 그 눈동자를 보며 이렇게 말해보자.

"난 내가 참 좋아. 나는 빛나는 존재야. 아무것도 하지 않아도 괜찮아. 나의 존재만으로 이미 충분해."

매일 아침 일어나서 아이와 함께 거울 속 자신의 눈을 보며 이렇게 사랑 고백을 해보자. 마음이 새로워지는 경험을 할 것이다. 있는 모습 그대로 충분히 아름답다는 것을 이제는 받아들이자.

Chapter

4

아이의 꿈을 찾는

눈높이 독서법

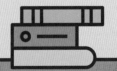

최소 비용으로
최대 효과를 얻는 책 읽기

한때 나를 미워하는 동료 탓에 마음이 참 힘들었던 적이 있다. 같은 교무실에 근무하는 동료 교사였는데, 그에게 몇 차례 비난의 메시지를 받았다. 평생 처음 들어보는 단어로 가득한 메시지여서 이른바 '멘탈 붕괴' 상태에 이르렀다. 친한 선생님이 위로해주었지만, 심장이 계속 두근거렸다.

퇴근 후, 식탁에 앉아 있는데 책장에 꽂힌 『미움받을 용기』가 눈에 띄었다. 책을 펼쳐 한 장 한 장 넘기다 보니, 마음이 차분해졌다. 다른 사람이 나를 어떻게 평가하든 마음에 두지 않는 것, 그리고 남이 나를 싫어해도 두려워하지 않는 마음이 나를 자유로운 삶으로 인도한다는 말이 큰 위안이 됐다. 그 동료의

평가가 나에게 더는 중요하지 않았다. 때로는 사람의 위로보다 한 줄 문장의 위로가 더 크게 다가올 때도 있다.

10대 아이들은 감수성이 예민하다. 어른들이 쉽게 지나치는 감정도 크게 느끼는 경우가 많다. 겉으로 표현하지 않기 때문에 대부분은 그냥 지나치지만, 시간이 지난 후에 사실은 그때 많이 힘들었다고 말하는 경우가 종종 있다. 다른 사람이 나를 어떻게 볼지에 예민하기 때문에 친한 친구에게도 감정을 솔직히 털어놓기가 망설여진다. 부모, 교사에게 말하는 건 더욱 어렵다. '나를 이상한 아이로 생각하면 어떡하지?', '왜 나는 이런 생각을 할까?', '다른 사람들은 괜찮은 것 같은데, 나는 왜 이렇게 상처를 잘 받지?' 등의 생각을 하면서 속앓이를 한다.

그럴 때 마음을 치유하고 회복할 수 있는 가장 좋은 방법이 독서다. 책을 통해 자신의 생각과 감정을 점검해볼 수 있다. 시, 소설, 자기계발, 에세이 등 다양한 장르의 책을 통해 저자와 등장인물들을 만나 대화해보자. 자신처럼 소심한 주인공을 보며 위로받고, 다른 사람 눈치 보지 않고 행동하는 주인공을 통해 대리만족을 느낄 수 있다. 나처럼 책 속의 글귀를 읽으면서 큰 위안을 얻을 수도 있다. 과거의 위대한 인물들이 들려주는 이야기에 쿵쾅쿵쾅 심장이 뛰기도 하고, 뭔가 바로 실천해야겠다는 강한 동기부여를 받기도 한다.

　영국 서식스대학교 인지신경심리학과 데이비드 루이스David Lewis 박사 연구팀은 많은 사람이 스트레스를 해소할 때 택하는 방법이 실제로 얼마나 효과가 있는지 조사했다. 그 결과 음악 감상은 약 60퍼센트, 커피 마시기는 약 50퍼센트, 산책은 약 40퍼센트의 스트레스 감소 효과를 보였다. 놀랍게도 가장 효과적인 방법은 책 읽기였다. 5분 이상 독서를 하면 스트레스가 70퍼센트 가까이 감소함과 동시에 심장 박동 수가 떨어지면서 긴장한 근육이 이완되는 것을 확인할 수 있었다. 연구팀은 책을 읽으면, 작가가 보여주는 가상의 공간에 빠져 현실의 걱정에서 탈출하기에 스트레스가 자연스레 해소된다고 했다.

　책을 읽기 위해 큰 희생을 할 필요는 없다. 아이와 함께 가까운 서점에 가서, 책을 골라 읽기만 하면 된다. 책을 읽으면 감정이 가라앉고 차분해지는 것을 느끼게 된다. 마음에 드는 책이 있으면 사는 것도 좋다.

　책을 읽을 때는 천천히 음미하길 권한다. 천천히 읽으면서 마음에 와닿는 구절은 노트에 옮겨 적도록 지도하자. 필사 시간을 갖는 것이다. 펜으로 직접 쓰는 게 가장 좋지만, 키보드로 타이핑해도 상관없다. 문장을 옮겨 적다 보면 눈으로만 읽을 때는 몰랐던 의미를 깊이 이해하게 된다. 옮겨 쓰는 과정에서 깨달음이나 통찰이 오기도 한다. 그 구절이 마음에 와닿은 이유를 생각하면서 적게 하자. 그러면 현재 마음 상태가 어떤지, 무엇을 원하는지 잘 알 수 있다. 잠시 쉬고 싶은지, 위로를 받고 싶은지, 누군가의 도움이 필요한지 느끼게 된다.

1만 원대의 돈을 들여 두고두고 즐거움을 누릴 수 있는 것 중 최고는 단연코 책이다. 좋은 책은 여러 번 읽게 된다. 오래된 책을 다시 꺼내 읽으면 옛 친구를 만나는 것처럼 친근하게 느껴진다. 독서를 통해 복잡한 마음이 현재에 몰입하게 되며, 자신과 깊은 대화를 하게 된다. 독서는 힐링이다. 책을 읽는 시간이 부모와 아이의 마음을 만져줄 것이다.

같은 책을 읽어도 마음에 와닿는 구절은 사람마다 다르다. 읽는 사람의 마음이 그대로 투영되기 때문이다. 작가의 입장이 되어 생각을 정리하거나, 때로는 책 속의 등장인물이 되어 살아보기도 한다. 내 마음을 들여다보고, 상대방의 마음을 헤아려 볼 수도 있다. 책을 읽으면서 올라오는 감정과 생각들을 놓치지 말고, 아이와 함께 기록하거나 토론하는 시간을 가져보자. 아이의 복잡하던 마음도 절로 차분해질 것이다.

책은 딱 10분만
읽어도 충분해

국가통계포털KOSIS에 게시된 우리나라 사람들의 독서량에 따르면, 2017년 국민 1인당 연평균 독서량은 9.5권으로 나타났다. 독서를 하는 사람들은 54.9퍼센트로, 성인 10명 중 4명이 책을 1권도 읽지 않은 것으로 나타났다. 2015년 결과에 비해 5.4퍼센트 감소했으며 1994년 처음 조사가 시작된 이래 가장 낮은 수치다.

청소년도 마찬가지다. 한국직업능력개발원KRIVET이 2018년에 발행한 「KRIVET Issue Brief」 제156호에 실린 '우리나라 고등학생들의 독서 활동 실태 분석'에 따르면, 한 달 평균 1.81권의 책을 읽고 있으며 전체 고등학생의 약 15퍼센트는 재학 중 책을 1권도 읽지 않은 것으로 나타났다.

독서는 아이를 성장시키는 가장 훌륭한 도구다. 책을 통해 경험해보지 못한 세상을 알게 되고, 과거의 시대를 살아볼 수도 있다. 책을 읽으면 사고하는 능력이 자라고, 다른 사람의 관점에서 생각해볼 기회가 생긴다. 그에 따라 자신이 가지고 있던 편견과 아집에서 벗어날 기회를 얻을 수 있다. 또한 다른 사람의 인생과 인간의 역사를 배우며 어떤 태도로 살아야 하는지도 배울 수 있다. 세계 여러 국가에서 독서 교육을 중요시하는 이유가 이것이다.

영국은 '책의 날'인 매년 4월 23일이 되면 '북 토큰book token'이라는 쿠폰을 아이들에게 나눠주며 책을 구입하는 일에 익숙하게 한다. 미국 시카고시는 2001년부터 도서관과 함께 독서 캠페인을 벌여왔다. 그런가 하면 핀란드는 공공 도서관을 많이 짓고, 전문 분야가 있는 사서를 배출하는 등의 국민 독서 운동을 실시하고 있다. 핀란드는 독서율이 세계 1위인 나라로, 이러한 결과가 나오기까지 국가의 조력이 지대했다.

우리나라도 아침 10분 독서 운동을 실천한 적이 있다. 사단법인 행복한아침독서 홈페이지에는 이 운동에 참여한 아이들의 소감이 게시되어 있다. 그중 서울 목일중학교의 한 학생은 이렇게 말했다.

"내가 이렇게까지 변할지는 몰랐다. 이제는 책에 대한 부담감과 어색함은 다 사라진 지 오래고 오히려 책 속으로 떠나는 기차에 아침마다 오르고 있으며 즐거움을 한껏 안고 기차에서 내린다. 마치 묘약을 마신 것처럼 비밀의 독서 기차를 발견하였고 계속 전진하고 있다. (……) 내게 이렇게 좋은 시간을 주신 선생님께 정말 감사하다. 그리고 만약 학교에서 10분 독서를 끝낸다고 해도 난 10분 독서를 계속할 것이다. 내 아침독서는 현재 진행형이니까……."

아침 10분 독서, 매일 학교에서 수업 전 10분 동안 교사, 학생 모두가 좋아하는 책을 그냥 읽기만 하면 된다. 독후감을 쓰게 하거나 책 읽은 권수를 따지는 건 학생들에게 또 다른 부담이 되므로 그저 10분 동안 책을 읽는 데에만 집중한다. 자신이 좋아하는 책을 골라 하루 10분씩 읽는다면, 아이들도 독서의 즐거움을 알게 될 것이다. 아이는 책을 통해 자신이 어떤 사람인지, 어떤 삶을 살고 싶은지 찾아가고 내면을 성찰하면서 스스로 성장할 것이다.

하루 10분 독서는 가정에서도 할 수 있다. 부모와 아이가 각자 읽고 싶은 책을 10분씩 읽어도 좋고, 같은 책을 함께 읽어도 좋다. 독서를 하는 것만으로도 정서적으로 안정된다. 책의 내용을 중심으로 서로의 생각과 감정을 나눌 수 있다. 그것이 바로 마음을 나누는 과정이다. 지금까지 알지 못했던 아이의 모습을 발견하는 계기가 될 것이다.

'하루 10분 독서를 한다고 뭐가 달라질까?'라고 생각할 수도 있다. 나 또한 그랬다. 어린 시절에는 책을 마지막 장까지 읽기가 무척 힘들었다. 나이가 들어 본격적으로 책을 읽기 시작했는데, 하루 10분 독서로 시작했다. 쉬는 시간이나 점심시간에 5분, 10분씩 읽었다. 지하철을 타는 날이면, 책 1권을 가방에 넣어 갔다. 10분 독서를 하는 것이 어느 정도 익숙해지자, 하루에 10분씩 여러 번 읽게 됐다.

하루 10분이라고 무시하면 안 된다. 그렇게만 해도 1년이면 20권이 넘는 책을 읽게 된다. 10분이 습관화되면 30분, 1시간으로 시간은 자연스럽게 늘어난다. 그러다 보면 어느 순간, 사고력이 확장되고 창의적으로 생각하게 된다. 아이는 책을 읽으면서 미래에 대한 걱정과 불안한 마음을 다스리기도 한다. 책을 매일 읽고 줄을 그으며 메모하면, 그 책은 아이의 꿈을 이루어주는 소중한 자산이 된다. 아이와 함께 책을 읽으며 다양한 질문을 던져보자. 그 질문을 통해 인생의 답을 찾아갈 수 있다. 책을 통해 삶의 스토리가 새롭게 탄생할 것이다.

하루 10분 독서의 핵심은 24시간 중 단 10분이라도 독서에 몰입함으로써 자신의 꿈을 이루어가는 것이다. 꿈을 이루기 위한 하루 10분 몰입 독서는 누구나 할 수 있다. 아무리 평범한 아이일지라도 몰입해서 독서를 하면 통찰력이 생긴다. 책을 통해 자신의 강점과 꿈을 발견하고, 어떻게 살아야 할지 길을 찾아가게 된다. 하루하루 버티는 삶이 아니라 원하는 일을 하며 열정적으로 살게 된다. 비록 10분일지라도 책을 읽는 아이와 읽지 않는 아이의 미래는 하늘과 땅 차이일 것이다. 아이의 하루 중에서 10분의 시간을 내게 하자. 좋아하는 책을 매일 그냥 읽으면 된다.

세상을 사는 데 필요한 건
지식이 아니라 지혜

2016년 3월, 구글의 인공지능 알파고와 프로 기사 이세돌 9단의 반상 대결이 펼쳐졌다. 그때까지만 해도 바둑은 인간이 절대적으로 우위인 영역이라고 여겨졌지만, 결과는 4승 1패로 알파고의 승리였다. 2018년에는 KT가 'KT 인공지능 소설 공모전'을 열었다.

이처럼 인공지능은 우리의 상상을 훨씬 뛰어넘는 수준이 된지 오래다. 우아한 클래식 음악을 작곡하는가 하면, 소설까지 쓸 줄 안다. 이런 시대를 살아가는 우리에게 필요한 능력은 과연 무엇일까? 『탈무드』에 나오는 유명한 이야기에서 그 해답을 찾아보자.

어느 마을에 한 아이가 죽은 채 발견됐는데 어느 청년이 범인으로 지목됐다. 그는 감옥에 들어간 후에야 자신이 희생양으로 정해졌으며, 어떤 변호의 기회도 주어지지 않으리라는 사실을 알게 됐다. 그는 랍비를 만나 도움을 요청했다. 랍비는 절망하고 있는 청년에게 끝까지 포기하지 않고 노력하면 방법이 생길 거라고 조언해주었다.

재판이 벌어진 날, 판사는 피고에게 결백을 증명할 기회를 주겠다며 이렇게 말했다.

"피고는 신앙을 갖고 있으니, 나는 이 문제를 하나님께 맡기고자 한다. 종이 한 장에는 '무죄', 또 다른 한 장에는 '유죄'라고 적을 것이다. 피고는 그중 하나를 고르면 된다. 모든 것은 네 선택에 달려 있다."

청년은 곰곰이 생각했다. 어차피 쪽지에는 '유죄'만 써 있을 것이 분명했기 때문이다. 그러더니 종이 한 장을 집어 들고 꿀꺽 삼켜버렸다. 지켜보던 사람들은 모두 경악했다. 누구도 예상하지 못한 상황이 벌어진 것이다. 청년은 담담하게 말했다.

"남은 종이에 적힌 글자의 반대가 바로 저의 운명이겠지요."

청년은 목숨을 구했다.

그 청년에겐 문제를 창의적으로 해결하는 힘이 있었다. 그는 이 불합리한 상황에서 살아남을 방법을 찾아냈다. 이것이 바로 '지혜'다. 사전이나 인터넷 검색으로 찾을 수 있는 답이 아니다. 교육, 학습, 훈련을 통해 배울 수 있는 정보나 기술과 같은 지식이 아니다. 예전에는 지식의 습득이 중요했다. 얼마나 다양한 지식을 아느냐가 생존과 직결됐다. 하지만 지금은 지식이 아니라 지혜가 필요한 시대다.

하버드대학교, 스탠퍼드대학교 등 세계적인 학교의 교육과정이 바뀌고 있다. 동영상과 과제물을 통해 학생들이 사전에 스스로 학습하고, 수업 시간에는 실제 사례에 관한 토론과 실습이 주로 이루어진다고 한다. 기존의 줄 세우기식 수업 방식을 벗어나 스스로 공부하고 협력하며 성장하는 환경을 만들어가고 있다.

우리나라 대학에서도 이런 시도가 이뤄지고 있다. 여러 학교에서 문제 중심의 교육과정을 도입해 주제를 놓고 토론을 진행하고 있다. 이외에도 자기주도 학습에 가치를 두고 학생이 직접 참여하는 교육이 이루어지고 있다.

중·고등학교의 공교육 시스템에도 변화가 시급하다. 2007년, 미래학자 앨빈 토플러Alvin Toffler는 한국의 교육이 정반대로 가고 있다며 우려했다. 12년이 지난 지금도 한국의 학교 현장에는 큰 변화가 없다.

1교시 수업 시간, 교실 문을 열고 들어간다.

"안녕하세요? 좋은 아침입니다."

"……"

"같이 인사할까요? 반갑습니다."

"(기어들어 가는 목소리로) 안녕하세요?"

생기 있게 인사하는 학생이 거의 없다. 학기 초가 지나 5월 중순쯤 되면 학생들의 눈빛이 흐려진다. 한국의 인문계 고등학생 대부분은 새벽에 잠이 든다. 수행평가 준비를 하거나, 학원 수업을 듣거나, 개인 과외를 받기 때문이다. 미래에 필요하지 않은 지식을 배우기 위해, 존재하지도 않을 직업을 위해 학교와 학원에서 하루 15시간 이상을 낭비하고 있다.

앞으로의 세상에서는 단순한 지식이 중요하지 않다. 많은 양의 지식을 습득할수록 유리한 시대는 이제 지나갔다. 한 번 배운 지식으로 평생을 살아가는 시대가 아니다. 지금은 지혜가 필요한 시대다. 매 순간 분별력 있게 선택하고 예리한 통찰력으로 꿰뚫어 보는 지혜가 필요하다. 누구나 말할 수 있는 정해진 답이 아니라, 자기만의 답을 찾는 노력이 필요하다. 기존의 지식을 어떻게 연결하고 통합할 것인지 알아차릴 수 있는 지혜가 필요하다.

우리 아이의 10년 후는 어떤 모습일까? 대학에 다니고 있을까? 취직해서 일을 하고 있을까? 직장에 다닌다면 한 회사를 계속 다니고 있을까? 백세 시대를 넘어가는 요즘에는 한 사람이 평생 여러 직업을 가질 가능성이 크다. 평생교육의 시대다. 지식을 전수해주는 것은 의미가 없다. 스스로 학습하는 능력을 키워야 한다.

스스로 학습하기 위해서는 마음의 힘이 가장 중요하다. 자신의 인생을 소중히 여기는 마음으로 배운 지식을 삶에서 실천하는 지혜가 있어야 한다. 자신의 능력과 한계를 분명히 알아야 한다. 자신이 무엇을 알고, 무엇을 모르는지를 알아야 한다. 배운 것을 기억에서 꺼내려고 노력해야 한다. 혼자 깊이 있게 생각하는 힘, 독서와 체험을 통한 다양한 인생 경험, 자신을 믿고 끝까지 해내는 내면의 힘이 있을 때 지혜를 갖출 수 있다.

공부만 하는 사람은
책 읽는 사람을 이길 수 없다

머리가 좋은 사람은 열심히 노력하는 사람을 이길 수 없고, 열심히 노력하는 사람은 즐기는 사람을 이길 수 없다. 무엇을 하든 즐겁게 하는 사람은 몰입하기 때문이다. 독서도 마찬가지다. 어디든 앉아서 끈기 있게 독서를 꾸준히 하면 결국 많은 책을 읽게 되고, 이해력과 독해력이 높아진다. 하지만 기왕 읽는 책, 억지로 보기보다는 즐기면서 읽어야 한다. 책을 즐겁게 읽고, 그 내용을 자신의 것으로 만든 사람은 아무도 이길 수 없다.

어떻게 하면 책을 즐겁게 읽을 수 있을까? 그게 과연 가능하긴 할까? 특히 집중력이 떨어지는 아이들에겐 더하다. 그러나 책의 재미를 느껴본 아이라면 알 것이다. 독서도 즐길 수 있다는 사실을 말이다. 실제로 책을 많이 읽으면 뇌의 근육도 발달해서 책을 더 잘 읽을 수 있게 된다. 특히 전두엽이 활성화되기 때문에 사고력이 크게 성장한다.

어느 초등학교에서 선생님이 6학년 학생들과 『논어』를 읽었는데, 한 여학생이 국어책이 너무 쉽다고 말했다. 고전처럼 수준 높은 책을 읽으니 교과서가 수준이 낮게 느껴진 것이다. 욕을 달고 살던 한 남학생은 『논어』를 읽고 난 후 욕을 하지 않겠다고 다짐까지 했다고 한다.

고백하자면, 나는 어린 시절에는 거의 책을 읽지 않았다. 밖에서 종일 뛰어놀고 집에 오면 씻고 자기 바빴다. 가만히 앉아 책을 읽는 친구들이 이해되지 않았다.

어른이 된 후에 코칭을 배우기 시작하면서 심리와 인생을 다룬 책을 읽기 시작했지만, 처음엔 5분도 집중하기 힘들었다. 남들은 이렇게 지루한 책을 어떻게 읽을까? 책을 볼 때마다 머리가 아팠다. 하지만 책을 읽고 내 삶에 적용해서 글을 쓰는 게 과제였기 때문에 읽어야만 했다. 꾸역꾸역 하루에 5분, 10분씩 읽기 시작했다. 내용이 이해되지 않으면 다시 처음부터 읽었다. 소리 내어 읽거나 노트에 적기도 적으며 지식으로 소화했다.

그렇게 한 권의 책을 다 읽었을 때의 기쁨은 이루 말할 수 없었다. 큰 산을 넘은 듯한 성취감을 맛보았고, 한 권을 읽자 두 권도 읽을 수 있게 됐다. 비로소 어린 날 가만히 앉아 책을 읽던 친구가 이해되기 시작했다.

책을 읽으면 주인공과 하나가 될 수 있다. 윌리엄 영William Young의 『오두막』이라는 책을 볼 때는 소설임을 알면서도 읽는 내내 몰입이 되어 심장이 터지는 줄 알았다. 딸을 잃은 주인공의 마음이 느껴져서 마치 가슴이 찢어지는 것 같았다. 주인공이 다른 인물과 대화를 하면서 내면의 문제를 해결하는 모습을 볼 땐 눈에서 뜨거운 눈물이 흘렀다. 그 과정에서 나의 내면도 보게 되었다. 속에 묻어둔 상처와 아픔이 수면 위로 올라왔다. 이 상처와 아픔이 나에게 어떤 의미가 있는지 스스로 질문해보기도 했다. 독서를 통해 내면이 더욱더 단단해졌다고 믿는다.

그러니 책은 단순히 종이 위에 적힌 글자 모음집이 아니다. 책은 인생이다. 책을 통해 우리는 어린아이가 될 수도, 중년이 될 수도 있다. 중세 시대를 살거나, 먼 미래를 살 수도 있다. 책을 통해 마음껏 상상하고 몰입할 수 있다. 그러면 마음은 온갖 감정을 겪을 수 있고, 나조차 몰랐던 '내 안의 나'를 만나며 성장한다.

교보문고 김성룡 전 대표는 '책이란 무엇인가?'라는 질문에 이렇게 대답했다.

"책은 길이며, 무수한 책의 영향을 고루 받는 게 우리의 인생이다."

우리는 책을 통해 먼저 현실감을 느끼고 나중에 실제 대상을 체험하곤 한다. 이 신비하고 광대한 우주로 열린 길, 내면세계로 향하는 길이 책 속에 있다.

책이 있다면 아직 희망은 있다. 이미 늦었다고 생각하며 주저앉지 말고, 지금 당장 아이와 함께 도서관으로 가자. 수많은 책이 아이와의 만남을 기다리고 있다.

우울한 생각이 밀려올 때
책에 달려가는 것처럼 도움이 되는 일은 없다.
책은 마음의 먹구름을 지워준다.

-미셸 몽테뉴

Chapter 5

흔들리며
피는 꽃, 아이들

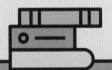

조금은 삐딱해도 괜찮아

인간관계에서 갈등 상황이 생겼을 때, 나와 상대방이 모두 잘되도록 하는 관계로 '승승의 관계'가 있다. 문제의 핵심을 파악한 후, 모두에게 좋은 대안을 선택하는 것이다. 학생들에게 승승의 관계에 관해 설명했다. 다들 고개를 끄덕이며 듣는데 한 학생이 손을 번쩍 들었다.

"선생님. 선생님의 말씀이 맞긴 하지만, 학교에서 어떻게 승승의 관계를 맺을 수 있나요? 저는 선생님이 이상주의자라고 생각해요."

순간, 망치로 뒤통수를 한 대 맞은 기분이었다. 그 학생의 말도 일리가 있었다. 충분히 그렇게 생각할 수 있다. 상대평가로 내신 등급을 매기고, 그 성적으로 대학에 입학하는 학생들에게 승승의 관계란 이상주의에 가깝다.

"맞아. 우리는 승패의 세계관에 익숙하고, 그게 더 현실적이지. 용기 있게 의견을 말해줘서 고마워."

나는 먼저 고마움을 표했다. 그런 다음, 승패의 세계관을 가진 우리 마음이 얼마나 불안한지 대화하면서 학생들과 합의점을 찾았다.

학생이 내 말에 즉각 반기를 들었을 때, 처음에는 당황스러웠다. 하지만 가만히 생각해봤다. 그렇게 말할 수 있는 학생은 어떤 사람인가. 권위자 앞에서도 자기 생각을 말할 수 있는 용기 있는 사람이다. 평소에 생각하며 산다는 증거다. 또한 나와 다른 생각을 가진 상대와 대화하며 합의점을 찾아가고자 하는 자세를 지니고 있다. 자신의 반론이 정답이 아니더라도 상관없다. 그 과정에서 이미 생각하는 힘과 상대방을 존중하는 마음이 성장했기 때문이다.

청소년은 어린이와 성인의 중간 시기다. 신체적·정서적·도덕적·사회적 발달이 활발하게 이루어지는 시기다. 감수성이 예민하고 주변 환경의 영향을 많이 받는다. 특히 자아 정체성의 혼란을 느껴 정신적으로 불안정해지기 쉽다. 부모의 그늘에서 벗어나고 싶어 하면서도 아직 성인의 권리와 의무를 부과받지 못한 시기이기 때문이다. 청소년 시기에는 방황도 많이 한다. 자신이 원하는 것과 현실에서 느끼는 괴리감이 크고, 자신과 주변 환경이 조화를 이루지 못하는 경우가 많기 때문이다. 청소년들은 어른을 거부한다. 자기 생각과 가치관이 자리 잡고 있는데 어른들의 참견은 불편하기만 해서다.

나는 고등학생 때 내 생각을 말할 수 없었다. 하얀 도화지에 그림을 그려야 하는데 무엇을 어떻게 그려야 할지 몰라 시작조차 못 하는 것처럼. 자꾸 나한테 뭐든지 그려야 한다고 말하는데, 무슨 그림을 그려야 할지 막막하기만 했다. 크레파스로 그릴지 물감으로 그릴지, 어떤 재료를 사용해야 할지도 몰랐다. 심지어 내가 어떤 색깔을 좋아하는지도 알 수 없었다. 그래서 옆 사람에게 물어봤다.

"내가 파란색으로 그림을 그릴까 하는데 네 생각은 어때?"

"파란색 별론데? 너는 빨간색이 어울릴 것 같아."

"그래? 근데 빨간색이 과연 어울릴까?"

"그걸 왜 나한테 물어? 네가 결정해."

이처럼 내가 결정하면 되는 것조차 다른 사람들의 동의를 구했다.

다른 사람들의 승인을 받아야 뭔가를 시작할 수 있었다. 혹시나 잘못될까 봐, 누군가에게 피해가 갈까 봐, 나를 비난할까 봐 두려웠다. 몸과 마음이 주변의 자극에 굉장히 민감했고, 다른 사람의 시선을 항상 의식했기 때문에 마음이 항상 불편했다.

하지만 다른 사람의 눈치를 볼 필요가 전혀 없다. 그들이 내 인생을 대신 살아주지도, 책임져주지도 않기 때문이다. 내 인생은 내가 살아야 한다. 내 작품은 내가 그리면 되는 것이다. 남에게 향해 있는 시선을 나에게 돌려야 한다. 내가 정말 그리고 싶은 그림이 무엇인지 고민하고, 내가 어떤 느낌의 재료를 좋아하는지 선택해야 한다. 부드러운 크레파스가 좋을 때도 있고, 명확한 사인펜이 좋을 때도 있으며, 지우개로 지울 수 있는 연필이 좋을 때도 있다.

어린아이라 해도 자신이 좋아하는 재료를 선택하고, 그리고 싶은 그림을 그리면 된다. 다른 사람이 원하는 그림을 그릴 필요가 없다. 내 그림의 가치는 내가 정하는 것이기 때문이다.

한번은 학생들에게 욕을 줄이고 긍정적인 말을 하자고 이야기한 적이 있다. 한 학생이 갑자기 안색이 변하더니 콧방귀를 뀌며 투덜댔다. 왜 그러느냐고 물어봤더니 대뜸 이렇게 말했다.

"선생님 말씀이 맞긴 하는데요. 화나니까 수업이나 하시죠."

"선생님 이야기에 화가 나는 이유가 뭔지 궁금하네. 이야기 해줄 수 있어?"

"엄마가 중학생 때까지 계속 긍정적으로 생각하고 말하라면서 공부를 강요했는데, 정말 미치는 줄 알았어요. 전 좋아지기는커녕 더 나빠졌어요."

"그런 경험이 있었구나. 말해줘서 고맙다."

내 이야기에 불쾌했던 경험과 감정이 떠오른 것이다. 순간 무안함을 느꼈지만, 마음을 가라앉혔다. 사실 나의 권위에 도전하거나 나를 거부한 것이 아니다. 학생 안에서 불편함이 올라온 것이고, 그것을 표현한 것이다. 물론 선생님을 좀더 존중해주었다면 좋았겠지만, 그럴 수도 있겠다는 생각이 들었다.

시간이 지난 후에 대화하며 학생의 마음에 쌓여 있던 감정을 풀어냈다. 그 학생에 대해 '버릇없다', '반항적이다'라는 딱지를 붙일 수도 있지만 나는 그러지 않기로 했다. 나 또한 어린 시절의 상처 탓에 힘든 청소년기를 보냈기 때문이다.

고등학교 1학년과 2학년, 3학년의 모습은 사뭇 다르다. 1학년 때는 성실하게 학교생활을 했는데 2학년이 되면서 무기력해지거나 부정적으로 바뀌는 아이들이 참 많다. 고등학교 2학년 담임을 맡았을 때, 부모님들과 상담을 하다 보면 가장 많이 듣는 얘기가 이것이었다.

"선생님, 우리 아이가 요즘 이상해요. 학교에서 무슨 문제가 있나요? 며칠 전에는 말도 아직 안 끝났는데 방문을 쾅 닫고 들어가는 거예요. 얼마나 착한 아들이었는데……."

부모로서는 미치고 팔짝 뛸 노릇이다. 그렇게 말 잘 듣던 아이가 어느 순간 반항하고 말대답을 하면서 마음의 문을 닫아버리니 말이다.

나는 그런 모습이 오히려 건강하다고 생각한다. 10대가 어른들에게 반항하지 않고 시키는 대로만 한다면 그것이 더 큰 문제다. 아이들이 성장하는 자연스러운 패턴은 부모에게 의존하던 상태에서 독립된 성인으로 나아가는 것이다.

아이들은 자라면서 스스로 의사결정을 하고 책임지는 능력을 키운다. 이 과정에서 부모나 교사는 문제를 대신 해결해주려는 모든 말과 행동을 멈추어야 한다. 신뢰하는 마음으로 그저 지켜봐야 한다. 그리고 아이는 스스로 선택하고 책임지고 행동하며 문제를 해결해가고자 노력해야 하며, 그 과정에서 좌절과 실패를 경험해야 한다. 스스로 다시 일어서는 고통을 겪어야 한다. 부모로선 자녀가 고통을 느끼는 모습이 안타깝겠지만, 그 과정을 통해 아이는 책임감 있는 성인으로 자랄 수 있다.

조금 삐딱하고 부정적이어도 괜찮다. 그건 매우 건강하게 잘 자라고 있다는 신호다. 감정을 쌓아두지 않고 표현할 수 있는 용기가 있어서 좋다. 자기 생각의 집을 허물고 새로운 집을 설계하고 지어가는 모습이 아름답다. 아이가 반항하는 모습을 볼 때 안심이 된다. 내면의 힘을 가지고 자신의 목소리를 내고 있다는 증거니까.

미래는 오늘부터
그리면 된다

요즘 젊은 세대는 N가지를 포기한다고 해서 'N포 세대'로 불린다. 연애·결혼·출산을 포기하면 3포 세대, 거기에 집과 인간관계까지 포기하면 5포 세대가 되는 식이다. 그 밖에도 이들이 포기한 것으로는 취미, 여가 활동, 꿈과 희망, 건강관리, 외모 관리 등이 있다.

조사에 따르면 가장 먼저 포기한 것이 '연애'인 것으로 나타났다. 그들은 연애를 하는 대신 「하트시그널」 같은 TV 프로그램을 시청하며 대리만족을 한다. 연애하는 데 쓰일 돈이나 감정적인 비용 없이 손쉽게 연애 감정을 느낄 수 있어서다.

우리 사회는 이런 상황에 점점 길들고 있는지도 모르겠다. 그런데 많은 것을 포기하면서 스트레스를 받게 된다. 스트레스 탓에 삶에 대한 의욕이 저하되고, 자신감이 감소하며, 외부와 단절되기도 한다.

어느 날 C가 나를 찾아왔다. 내신과 수행평가를 포기하기로 했다는 것이다. 지금부터 수능시험을 준비해서 원하는 대학에 진학하고 싶다고 했다. 그러면서도 깊은 한숨을 내쉬었다. 마음이 아팠다. 대학에 진학하기 위해서는 내신이나 수행평가 성적만이 아니라 학교의 각종 행사에도 적극적으로 참여해야 한다. 이것저것 해야 할 것은 많은데 노력한 만큼 결과가 나오지 않으니 그 마음이 오죽했으랴. 친구들보다 뒤처지는 것 같아 불안한 마음만 커진다. 그래도 C가 꿈을 포기하지 않고 정시로 진학하겠다는 결심을 했으니 다행이다. 이 학생의 경우는 다행이었지만, 마치 인생이 다 끝난 것처럼 살아가는 학생들이 점점 더 늘어나고 있다.

고등학교 시절은 가장 고민이 많고 힘든 시기다. 진로와 입시에 대한 고민, 관계에 대한 고민, 무엇보다 학업에 대한 압박과 스트레스가 엄청나다. G는 성실한 학생인데, 어느 날 보니 손톱이 모두 뜯겨 있었다. 시험을 보면 몇 문제씩 실수하는데 불안한 마음에 실력을 발휘하지 못하고 손톱을 뜯는 것이다. 이럴 때 교사나 부모가 다그치거나 망신을 주면 불안이 심해진다. 더 잘해야 한다는 압박도 불안감을 키울 뿐이다. G는 자신의 꿈을 포기했다며 멋쩍은 웃음을 보였다.

첫 번째 수업 시간을 맞을 때마다 나는 꿈에 대해 묻는다. 그러면 아이들은 이렇게 답한다.

"의사가 되고 싶어요."

"경찰관이요."

"그냥 공무원이 되면 좋겠어요."

"합기도 체육관 관장이요."

모두 직업을 이야기한다. 그들에게 나는 이렇게 말해준다.

"꿈은 직업을 말하는 게 아닙니다. 내가 어떤 삶을 살고 싶은지 방향을 정하고 행동하는 걸 말합니다. 선생님의 꿈은 마음이 힘든 사람들을 돕고, 함께 성장하는 것입니다. 마음이 힘든 사람들을 돕고 함께 성장하기 위해 누군가는 목회자가 될 수 있고, 누군가는 사회복지사가 될 수 있겠지요. 선생님처럼 교사 또는 코치가 될 수도 있습니다. 꿈을 이루는 방법으로 다양한 직업이 있는 겁니다. 직업은 자기 적성에 맞게 결정하면 되겠지요? 여러분, 먼저 꿈이 무엇인지 생각해보면 좋겠습니다."

내 말을 들으면서 학생들의 눈빛이 달라진다. 자신의 꿈에 대해 생각하는 사람은 꿈을 꿀 수 있고, 꿈을 이루기 위해 노력하게 된다. 그리고 꿈은 평생 꾸는 것이다.

지금 이 책을 읽고 있는 당신은 자녀의 꿈이 무엇인지 알고 있는가? 자녀는 어떤 사람이 되고 싶어 하며, 어떤 삶을 살고 싶어 하는가? 꿈을 이루기 위해 무엇을 하고 있는가? 자녀가 지금처럼 살아간다면, 그 꿈을 이룰 수 있는가? 아니면 지금과 다르게 살아야 하는가?

혹시 자녀가 아직 꿈을 발견하지 못해 고민하고 있는가? 그렇다면 그 고민의 과정을 글로 적게 하자. 고민하는 과정이 있어야 진정으로 원하는 꿈을 찾을 수 있다. 이때 주의해야 할 점은, 부모가 원하는 직업을 말해선 안 된다는 것이다. 그러는 순간 자녀는 꿈을 찾을 기회를 잃어버린다. 자신이 원하는 삶이 무엇인지 모르는 채 대학에 진학하고 사회에 나오는 젊은 세대는 나이가 들어서도 방향성을 잃고 방황하기 쉽다.

공부하기 싫어하는 평범한 대학생이 있었다. 그는 어느 날 사업을 하기로 마음먹었다. 돈을 벌기 위한 사업이 아니라, 돈이 없어 불편하게 살아가는 사람들을 위한 사업을 하고 싶었다.

자본도 없었지만 '그냥 한번 해볼까?'라는 생각으로 일단 시작했다. 그는 누구나 알고 있는 보청기를 새로운 관점으로 바라봤다. 청각장애인, 노인 등 많은 사람에게 꼭 필요한 물건인데 가격이 너무 비쌌기 때문이다. 연구에 연구를 거듭한 결과, 마침내 보청기의 품질은 유지하면서 원가를 줄이는 데 성공했다.

그 주인공이 바로 저가형 보청기를 보급하는 청년 사회적 벤처 딜라이트의 김정현 대표다. 그는 판매자 입장에서 수입을 높이는 데 집중하지 않고, 어떻게든 보청기 생산을 지속할 수 있는 범위 내에서 문제를 해결하는 관점으로 회사를 운영하고 있다. 많은 사람에게 소리를 되찾아주고 싶다는 꿈을 이루기 위해 노력한 결과 성공한 사회적 벤처 사업가가 됐다.

그런가 하면, 미국에 한 가난한 농부의 아들로 태어난 아이도 있다. 너무 가난해서 교육을 제대로 받지 못한 아이는 무려 아홉 살이 될 때까지 글을 제대로 읽지 못했다. 글을 몰랐으니, 그림으로 세상을 알아가는 수밖에 없었다. 아이는 그림으로 소통하면서 미술과 그림에 대한 관심이 커졌다. 시간이 갈수록 그는 동화와 환상의 세계를 꿈꾸었다. '어린이들만 들어갈 수 있고, 어린이들의 꿈과 희망을 마음껏 표현할 수 있는 세상이 있다면 얼마나 좋을까?'라고 생각했다. 그가 바로 월트 디즈니Walt Disney다. 꿈을 꾸고 그 방향으로 살면 결국 꿈을 이루게 된다는 대표적인 사례다.

세계 최고의 부자 빌 게이츠Bill Gates는 10대 시절부터 모든 가정에 컴퓨터가 한 대씩 설치되는 것을 상상했고, 그런 세상을 만들겠다고 외쳤다. 그의 성공은 10대 때의 꿈에서 출발한 셈이다. 이 이야기들은 우리에게 꿈을 미리 구체적으로 그려보는 것의 중요성을 일깨워준다.

우리나라에서는 공부 잘하는 학생들이 누리는 혜택이 참 많다. 좋은 대학을 나오면 능력이 뛰어난 사람으로 인정받는다. 하지만 성적이 낮다고 소중한 꿈을 포기할 필요는 없다. 지금 성적에 맞춰 꿈의 크기를 줄일 필요도 없다. 왜냐하면 꿈은 현재 모습이 아니라 삶의 방향성이기 때문이다. 목적지를 정하고 가다 보면, 어느 순간 그곳에 도착하게 된다. 꿈도 마찬가지다. 꿈을 향해 하나씩 실천하다 보면, 언젠가 이루게 된다.

오늘은 부모와 아이의 인생에서 가장 젊은 날이다. 오늘부터 시작하면 된다. 현재 부모와 아이가 서 있는 곳에서 원하는 방향을 정해보자. 인생의 나침반을 꺼내 북극성을 찾아보자. 꿈의 북극성을 따라가다 보면 목적지에 도착하게 된다. 속도는 느려도 괜찮다. 아무리 빠른 속도로 가더라도 방향이 잘못됐다면, 열심히 간 만큼 더 많이 돌아가야 한다.

혹시라도 아이의 소중한 꿈을 비웃거나 무시하며 빼앗지 마라. 10년 후 흐뭇하게 웃고 있을 부모 자신과 아이의 모습을 기대하며 오늘부터 크고 작은 꿈을 꾸고, 행동해라.

아이의 잠재력은
아이의 눈높이에서만 보인다

교실에는 30여 명의 학생이 있었다. 첫 번째 질문을 했다.

"잠재력이 무엇이라고 생각하나요?"

"마음에 있는 보이지 않는 힘이요."

두 번째 질문을 던졌다.

"여러분에게는 어떤 잠재력이 있나요?"

순간 분위기가 싸늘해졌다. 대부분의 학생이 내 눈을 피했고 머뭇거리기만 할 뿐 누구도 대답하지 못했다. 학생들은 잠재력이 존재한다는 것을 알고 있었다. 하지만 자신에게 어떤 잠재력이 있는지는 선뜻 대답하지 못했다.

우리 아이들은 '잠재력'이라는 말을 실감하지 못하고 있다.

가정에서, 학교에서 자신의 잠재력을 발견할 기회가 거의 없었기 때문이다. 우리 사회에서는 보이는 것이 중요하다. 실수하면 대부분 혼이 났고, 수치심을 느끼며 자라왔다.

아이들의 잠재력을 키우려면 어떻게 해야 할까? 실수와 실패를 통해 배울 수 있는 기회를 제공해야 한다. 제대로 된 실패로 좌절을 느끼면서 사람은 성장하게 된다. 실패를 경험하고 극복하는 과정에서 마음의 근력이 생기기 때문이다. 어른들은 아이들이 실수하고 실패하면 힘들어할까 봐 장애물을 미리 치워버린다. 하지만 그건 성장의 기회를 빼앗아버리는 것이다.

어른인 우리에게도 힘이 필요하다. 아이들이 넘어지고 다시 일어서는 과정을 지켜볼 힘 말이다. 실수해서 부끄러워하고 실패해서 절망할 때, 마음으로 안아주고 공감해주어야 한다. 뭔가를 시도했다는 점에서 그 용기에 박수를 보내야 한다. 비판하거나 판단하면 아이들은 수치심을 느끼며 감정을 숨길 것이다. '실수해도 괜찮다', '다시 시도하면 된다', '너는 할 수 있다'고 용기를 줄 수 있어야 한다. 그러면 넘어져도 다시 일어설 힘이 생긴다.

실수와 실패를 통해 배울 점을 발견할 수 있도록 도와야 한다. 스스로 성찰하며 얻은 교훈은 마음 깊이 새겨진다. 같은 실수를 반복하지 않는 지혜가 생긴다. 그러므로 아이가 실수와 실패를 두려워하지 않아야 무엇이든 용기 있게 도전할 수 있다. 실수와 실패를 당연한 것으로 받아들이고 배움의 기회로 삼는다면, 훨씬 더 담대하게 세상을 살아갈 수 있다.

모든 아이 안에는 잠재력이 있음을 인식하고, 제한을 두지 않아야 한다. 누구든 훈련과 연습을 거듭하면 변화하고 성장할 수 있다. 자신이 해내지 못하리라 믿기 때문에 해내지 못하는 것이다. 그 신념이 발목을 잡고 있다는 것을 알아차려야 한다.

이것은 잠재의식, 즉 무의식과 관계가 깊다. 예를 들어 허술한 밧줄에 발목이 매여 있는 동물원의 코끼리를 생각해보자. 충분히 도망갈 수 있는데도 코끼리는 도망가지 않는다. 힘없는 어린 시절부터 발목이 밧줄에 매여 있었기 때문이다. 아무리 발버둥 쳐도 도망갈 수 없었기 때문에 어린 코끼리는 자신이 도망갈 힘이 없다고 믿게 됐다. 그 믿음이 어른이 되어서도 코끼리를 주저앉게 한다. 도망갈 시도조차 못 하게 한다.

어른도 아이도 마찬가지다. 어린 시절부터 경험한 좌절, 실패 때문에 수치심을 경험했다. 그 경험이 우리에게 강력한 믿음을 가지게 했다. '나는 할 수 없어', '이번에도 조롱거리가 될 거야', '차라리 안 하는 게 나아', '가만히 있으면 중간이라도 가지', '나는 해봤자 순위 안에 못 들 거야', '나보다 잘난 사람들이 많아', '나는 아무짝에도 쓸모없어', '나는 키가 작고, 힘이 없어', '나는 가진 게 없어' 등등 얼마나 많은 밧줄이 우리 발목을 얽매고 있는지 모른다.

하지만 그 밧줄들은 이미 썩어 약해졌다. 내가 한 발짝만 떼어도 금방 끊어진다. 나에게는 무한한 가능성이 있다. 보이지 않는 내면의 힘이 있다. 실수해도 괜찮다. 다시 일어서면 된다. 실수를 통해 배울 수 있다. 같은 실수를 반복하지 않도록 노력하면 된다. 아니, 또 실수해도 괜찮다. 다시 일어설 힘이 있기 때문이다. 마음의 근력이 자라고 있다.

자신의 가능성을 인정하는 순간, 넘어져도 다시 일어나는 자신을 발견하게 된다. 자신이 충분히 할 수 있다는 것을 인식하는 순간, 눈빛이 살아난다. 뭔가 시도할 마음의 힘이 생긴다. 내적 동기가 부여되는 것이다.

누구나 어린 시절부터 크고 작은 성공을 경험한다. 아주 작은 것부터 찾아보자. 성공 경험은 큰 자산이다. 예를 들면, 나는 아주 어릴 때부터 혼자 은행에 갔다. 부모님이 바쁘셨기 때문에 유치원에 다닐 때부터 그랬다. 동전이 생길 때마다 저축을 했기에 자연스럽게 절약하는 습관이 생겼다. 그런 경험을 통해 뿌듯함을 느꼈다.

이미 아이는 수많은 성공 경험을 가지고 있다. 처음 뭔가를 시도했을 때의 성공 경험은 정말 짜릿했을 것이다. 숨겨진 보물을 찾듯이 마음속에 있는 잠재력을 찾아보자. 이미 있는 강점부터 찾아보자. 그러다 보면 '어쩌면 내가 이런 것도 잘할 수 있을지 몰라'라는 생각을 하게 될 것이다. 그 생각을 현실로 만들면 된다. 그 과정에서 어떤 시도를 할 수 있을지 찾아보자. 구체적인 실행 계획을 세우고, 실천해보자. 그 과정에서 분명히 성장하고 변화하게 된다.

'잠재력'의 사전적 의미는 '겉으로 드러나지 않고 속에 숨어 있는 힘'이다. 모든 사람은 무한한 가능성을 가지고 있으며 그 사람에게 필요한 해답은 모두 그 사람 내부에 있다는 것이 코칭 철학이다. 상대방에 대한 믿음과 확신이 마음의 에너지로 전달된다. 그 에너지가 강할수록 실천하는 힘이 강력해진다. 모든 사람은 잠재력을 가지고 있다. 다만 현재 상태에 초점을 맞추기 때문에 그 잠재력을 알아차리지 못할 뿐이다.

의사 이국종은 이 시대 진정한 의인으로 평가받는다. 그의 남다른 행보 이면에는 그만의 신념이 있다.

그의 아버지는 6·25 전쟁에서 부상을 입은 국가유공자였다. 어린 시절, 아버지께서 편찮거나 본인이 아파서 병원에 가면 국가유공자 의료복지 카드를 내밀었다. 그때마다 간호사들의 반응은 냉담했고, 그 싸늘한 시선에 아들 이국종은 수치심을 느꼈다.

그러던 중 한 의사를 만나게 된다. 그 의사는 어린 그가 내민 의료복지 카드를 보고 자랑스러운 아버지를 두었다며 열심히 공부해서 훌륭한 사람이 되라고 했다. 마음을 담아 그를 격려한 것이다.

그 따뜻하고 진심 어린 한마디가 그의 잠재력을 일깨웠다. 가난한 어린 소년에게 훌륭한 사람이 될 수 있다는 가능성의 씨앗을 심어주었다. 그 말을 듣고 열심히 공부한 결과, 그는 대한민국의 존경받는 의사가 됐다. 현재 그는 약자들을 섬기는 삶을 살고 있다.

지금 아이에게 다음과 같은 질문을 해보자.
"네가 생각하는 잠재력이란 무엇이니?"
"네 안에는 어떤 잠재력이 있을까?"
"네가 가장 좋아하는 일은 무엇이지?"
"네가 가장 잘하는 일은 무엇이지?"
"지금껏 이룬 작은 성공에는 어떤 것이 있을까?"

이제 우리도 적극적으로 잠재력을 발견해보자. 아이의 잠재력을 발견하고 성장하기 위해서는 우연한 기회를 기다려서는 안 된다. 독서, 운동 등 여러 활동을 하며 성장할 기회를 의도적으로 잡아야 한다. 좋은 습관을 기르기 위해 노력해야 한다. 끝까지 해내야 한다. 오랫동안 끈기 있게 버텨야 한다.

중요한 것은 아이와 눈높이를 맞추는 것이다. 아이의 잠재력은 아이의 눈높이에서만 보인다.

아이에게 필요한
꿈을 이루는 법칙

지금 대한민국을 뜨겁게 하는 것 중 하나가 밀레니얼 세대와 Z 세대다. 특히 지금의 10대는 Z세대에 속하는데, 1990년대부터 2000년대 중반에 태어나 어린 시절부터 디지털 기기와 인터넷에 익숙한 세대다. 변화와 유행에 민감하며 SNS를 적극적으로 활용하는 편이다.

이러한 Z세대의 청소년 문화가 많은 사람의 마음을 흔들고 있다. 대표적인 예가 Mnet의 예능 프로그램 「고등래퍼」다. 이 프로그램에서 주목받은 주인공들은 기존 래퍼와 좀 다른 면을 보인다. 그들은 기존 래퍼의 방식을 답습하거나, 화려한 겉모습만 보고 힙합에 도전한 것이 아니다. 오로지 자기만의 생각과 철학을 담아 랩을 새롭게 그려냈다.

10대가 사용하는 은어, 일명 '급식체'도 단순한 말장난이 아니라 전 세대가 알고자 하는 유행어가 되었다. 트렌드를 좇는 많은 기업이나 단체는 급식체를 전면으로 내세워 홍보 마케팅을 한다.

10대의 영향력은 엄청나다. 마케팅, 광고도 이들을 겨냥한다. 경기가 침체되어도 10대들의 소비 활동은 여전히 왕성하기 때문이다. 실용성보다는 콘셉트와 가치가 더 중요하다. 극장가에서도 학교생활, 웹툰, 공포를 소재로 한 영화들을 자주 볼 수 있다. 날로 커지는 10대 관객의 영향력을 고려해 틈새시장을 노린 것이다.

「타임」이 선정한 '2017년 영향력 있는 10대'에 우리나라의 혼혈 모델 한현민이 선정됐다. 그는 할리우드 스타들의 2세나 유명 운동선수 등과 어깨를 나란히 했다. 나이지리아 출신 아버지와 한국 출신 어머니 사이에 태어난 한현민은 국내 최초의 흑인 모델이다. 그는 우연히 SNS에 올린 사진으로 캐스팅 제의를 받아 데뷔했고, 이후 약 1년 만에 모델계의 스타가 됐다. 인종차별로 어려웠던 시절도 있었지만, 그는 꿈을 꾸었고 자신의 꿈을 이뤘다.

그렇다면 성공한 사람들은 어린 시절 어떤 생각을 했을까? 그들에게는 공통적으로 '꿈을 이루는 법칙'이 있었다.

첫째, 글로 적는다. 자신이 원하는 것을 구체적으로 적어보자. 1953년 미국의 예일대 졸업생들을 대상으로 이런 질문을 한 적이 있다.

'인생의 구체적인 목표와 계획을 글로 써놓았습니까?'

졸업생 중 단 3퍼센트만이 인생의 구체적인 목표와 계획을 글로 써놓았다고 답했다. 나머지 97퍼센트는 그저 생각만 하거나 목표가 없는 상태라고 했다. 20년이 지난 뒤, 그때의 학생 중 생존자를 대상으로 경제적인 부유함을 조사했다. 졸업할 당시 구체적 목표가 있었다는 3퍼센트의 졸업생이 나머지 97퍼센트의 재산을 모두 합친 것보다 훨씬 더 많은 부를 가지고 있었다.

둘째, 이미지로 표현한다. 미국의 골프 황제 타이거 우즈Tiger Woods는 10대 때 자기 방에 골프의 제왕 잭 니클라우스Jack Nick-laus의 사진과 빨간색 페라리 사진을 붙여두었다고 한다. 세계적인 골프 선수가 되어 자신이 좋아하는 자동차를 타고 다니겠다는 꿈을 이미지로 각인한 것이다. 그는 꿈을 이뤘다.

셋째, 꿈을 다른 사람 앞에서 적극적으로 표현한다. 일본의 자동차회사 혼다 창업주 혼다 소이치로는 사람들을 만날 때마다 이렇게 말하고 다녔다고 한다.

"우리는 세계 최고의 자동차를 만드는 회사가 될 거야."

그의 말은 현실이 되었다.

넷째, 꿈을 이룰 장소를 방문한다. 스티븐 스필버그Steven Spielberg 감독은 영화감독 명함을 만든 후 무작정 유니버설 스튜디오를 찾아가 돌아다녔다고 한다. 그리고 그곳에서 감독으로 데뷔할 기회를 얻었다. 꿈을 이루기 위해 직접 몸으로 부딪치고, 꿈의 무대에 다가가는 노력이 필요하다. 당장은 무모해 보이지만, 실패하더라도 그 과정을 통해 성공에 이를 수 있다.

다섯째, 자신의 꿈과 관련된 영상이나 성공한 사람들의 영상을 자주 접한다. 세계 최고의 운동선수들은 당대 최고의 운동 장면이 담긴 영상을 자주 본다고 한다. 훌륭한 선수들의 영상을 보면 실전에서도 도움이 되기 때문이라는 것이다.

꿈꾸는 10대에게는 세상을 바꿀 힘이 있다. 그러니 꿈을 이루는 법칙을 참고해 자신의 목표를 구체적으로 적은 메모를 항상 가지고 다니게 하자. 아이가 수시로 꺼내 읽으며 마음에 새기게 하자. 구체적인 사진과 이미지도 준비해 잘 보이는 곳에 붙여놓고 들여다보게 하자. 보는 순간 기분이 좋아지고, 그럴 때 마음의 에너지도 함께 올라간다. 아이가 꿈꾸는 미래와 관련된 장소에도 함께 가보자. 현장을 직접 체험함으로써 꿈에 한 발짝 더 다가설 수 있다. 성공한 사람들, 멘토들의 영상을 자주 접하게 하자. 자신도 그렇게 될 가능성이 커진다. 현실에 안주하지 말고, 꿈꾸는 10대가 되어야 한다. 꿈을 꾸는 순간, 이미 변화는 시작된 것이다.

지금 이대로 충분히 아름다운
우리를 응원해

알파 맘alpha mom, 베타 맘beta mom, 다이거 맘tiger mom, 스칸디 맘scandi mom, 사커 맘soccer mom, 헬리콥터 맘helicopter mom 등의 말을 들어본 적이 있는가?

알파 맘은 열정과 정보력으로 무장한 엄마다. 아이의 재능을 발굴하고, 탁월한 정보력을 바탕으로 체계적인 양육을 한다. 엄마가 설계한 대로 걸어가는 자녀는 성공 확률이 높지만, 의존적인 아이가 되거나 심리적 부담감 때문에 성격이 엇나갈 가능성이 있다. 베타 맘은 자녀가 원하는 삶을 우선시한다. 엄마의 역할은 조언자, 조력자다. 엄마와 자녀 사이에는 신뢰가 형성된다. 리더십 있는 아이로 자랄 수 있지만, 너무 일찍 주어진 자유 탓에 올바른 판단을 하지 못할 수도 있다. 타이거 맘은 호랑이처럼 자녀를 엄격하게 지도하는 엄마를 뜻하며, 스칸디 맘은 정서적 교감을 기본으로 아이에게 자유를 주는 엄마를 의미한다. 그리고 사커 맘, 헬리콥터 맘은 자녀교육에 열성적이고 때론 과잉보호하는 엄마를 가리킨다.

이렇듯 자녀교육 방식을 두고 엄마를 표현하는 여러 가지 말들이 있다.

자녀를 어떻게 키우는 것이 정답일까. 새로운 육아 지침서가 나올 때마다 읽어보는가? 육아 전문가가 제시하는 방법을 따르기 위해 애쓰고 있는가? 많은 사람이 부모가 되는 순간 불안과 두려움, 걱정의 감정을 느끼게 된다. 그래서 확실한 육아 방법을 찾으려고 노력한다. 그럴수록 수많은 시행착오를 겪으며 좌절한다.

부모는 자녀를 키우는 동안 계속해서 불확실한 상황에 직면한다. 마음에 확신이 없는 상태로 자녀를 키우기 때문이다. 사실 완벽한 육아는 어디에도 없다. '이렇게 하면 자녀가 성공한다' 식의 확실한 보장도 없다. 앞에서 소개한 다양한 양육 방식 중에서 어떤 것이 더 좋다고 말할 수 없다. 부모가 육아에 대한 지식을 많이 가졌다고 해서 자녀가 잘 자라는 것도 아니다.

다만, 우리 자녀들이 어떤 모습으로 살아갈 것인지는 비교적 쉽게 예측할 수 있다. 바로 우리 자신의 모습을 보면 된다. 우리가 어떤 사람이며 어떤 방식으로 세상을 살아가는지를 관찰해 보면, 자녀의 미래 모습을 예상할 수 있다.

다음 질문에 답해보자.

'우리 아이가 자라서 지금의 나와 같은 모습이라면 어떨까?'

그래도 좋다면, 부모의 역할을 잘하고 있는 것이다. 반대로 절대 안 된다는 생각이 든다면, 어떤 부모가 되어야 할지 고민하기 이전에 어떤 사람이 되어야 할지부터 진지하게 고민해야 한다.

우리의 사고와 감정과 행동은 타고난 것이기도 하지만, 환경의 영향도 받는다. 사람마다 타고난 기질이 다르지만 자존감과 소속감에 큰 영향을 끼치는 요인은 어린 시절의 경험이다. 부모와의 관계에서 '나는 부족한 사람이야'라는 메시지를 받아왔다면, 새로운 것에 도전하고 성취하기 힘들다. 우리 사회에는 공개적인 꾸지람과 놀림, 욕설이 퍼져 있기 때문이다.

아이가 가정에서 '만약 ~한다면'이라는 전제 조건을 충족할 때만 인정과 칭찬을 받았다면, 자신을 가치 있는 존재로 여기기 어렵다. '만약 ~하면 나도 가치 있는 존재가 된다'라고 생각하기 때문이다. 예를 들면 이런 것들이다.

'만약 문제집을 다 푼다면 나는 가치 있는 존재다.'

'만약 시험에서 1등을 한다면 나는 가치 있는 존재다.'

이런 생각들이 아이의 머릿속에 가득해진다. 그 전제 조건을 충족하기 위해 평생 애쓰겠지만, 완벽한 모습은 어디에도 존재하지 않는다.

그런데 자녀가 이런 사람으로 자란다면 어떤가? 높은 자존감을 가지고 세상을 살아가는 사람, 자신의 약점과 강점을 인정하는 사람, 자신과 다른 사람의 감정에 공감하는 사람, 노력하고 인내하는 사람, 자신이 속한 조직에 소속감을 느끼는 사람, 자신과 상대방의 실수를 용납하는 사람, 변화하는 세상에 용기 있게 도전하며 성취하는 사람, 회복 탄력성을 가지고 실패와 좌절을 이겨내는 사람…… 우리 자녀가 이런 모습이라면 뿌듯함으로 가슴이 벅차오를 것이다.

다시 한번 강조하지만, 자신에게 없는 것을 자녀에게 줄 순 없다. 성장하고 변화하는 모습을 보여주어야 한다. 부모도 약점을 가지고 있으며 성장하는 존재임을 자연스럽게 보여주는 용기가 필요하다. 부족한 점이 있더라도 용기 있게 도전하는 모습을 보여주자. 어제의 자신보다 오늘 더 성장하는 것이 중요하다는 사실을 몸소 보여주면 된다.

부모가 완벽한 존재가 되기 위해, 완벽한 육아를 하기 위해 가면을 쓰는 순간 자녀는 마음에 상처를 입게 된다. 그럴 필요 전혀 없다. 삶을 통해 자녀와 함께 배우며 성장하면 된다. 약점을 굳이 감출 필요가 없다. 완벽주의는 또 다른 완벽주의를 부를 뿐이다.

우리 자녀들은 사랑받을 자격이 충분한 존재다. 부모가 자신을 어떻게 대하는지 경험하면서 사랑을 배우게 된다. 그러기 위해 부모는 먼저 자신에게 공감하고 자신의 약점을 받아들여야 한다. 가정에서부터 용감해지는 연습을 해야 한다. 용기란 약점을 드러내고 도전할 수 있는 마음의 힘이다. 부모가 먼저 실수를 했을 때 책임을 지는 모습, 필요할 때 도움을 요청하는 모습, 자신의 기분을 말로 표현하는 모습을 보여주어야 한다. 그렇게 살아가기 위해 노력해야 한다.

부모가 자유로워지면 자녀들 또한 자유로운 삶을 살아갈 힘을 얻게 된다. 고통과 슬픔을 묻어두는 것이 아니라 함께 느껴야 한다. 기쁨과 즐거움을 함께 느끼고 표현해야 한다. 누구도 완벽할 필요가 없다. 진실한 자신의 모습으로 살아가면 된다.

우리는 모두 지금 그대로의 모습으로 충분히 아름답다.

'아직'이라는 단어는 희망적이다.
'지금은 그 수준에 도달하지 못했지만
조만간 해낼 수 있다'는
생각이 깔려 있기 때문이다.
아이의 현재 모습에 '아직'이라는 단어를 붙여보자.
'아직 일찍 일어나지 않았을 뿐'이고,
'아직 집중이 잘 안 될 뿐'이다.

현재 모습이 아이 인생의 마지막 모습은 아니다.
아이는 여전히 '현재 진행형'이다.
그리고 부모도 '현재 진행형'이다.

눈높이를 바꾸면 보이는 내 아이의 잠재력
엄마의 눈높이 연습

초판 1쇄 발행 2019년 9월 26일
초판 4쇄 발행 2021년 1월 7일

지은이 윤주선
펴낸이 김선준

책임편집 배윤주
디자인 김세민
마케팅 권두리, 조아란, 오창록, 유채원, 김지윤, 유준상
경영관리 송현주
외주교정 공순례

펴낸곳 포레스트북스 **출판등록** 2017년 9월 15일 제 2017-000326호
주소 서울시 영등포구 국제금융로2길 37 1304호
전화 02) 332-5855 **팩스** 02) 332-5856
홈페이지 www.forestbooks.co.kr **이메일** forest@forestbooks.co.kr
종이 ㈜월드페이퍼 **출력·인쇄·후가공·제본** ㈜현문

ISBN 979-11-89584-36-8 (13590)

포레스트북스(FORESTBOOKS)는 독자 여러분의 책에 관한 아이디어와 원고 투고를 기다리고 있습니다. 책 출간을 원하시는 분은 이메일 writer@forestbooks.co.kr로 간단한 개요와 취지, 연락처 등을 보내주세요. '독자의 꿈이 이뤄지는 숲, 포레스트북스'에서 작가의 꿈을 이루세요.